本指南由
宁夏回族自治区重大科技成果转化项
局区域化、标准化生产技术体系构建与应用》项目编号：
2022CJE09007 资助完成

宁夏贺兰山东麓
葡萄酒风土区划与生产技术指南

Ningxia Helanshan Donglu
Putaojiu Fengtu Quhua yu Shengchan Jishu Zhinan

赵世华　张军翔　主编

中国农业出版社
北 京

图书在版编目（CIP）数据

宁夏贺兰山东麓葡萄酒风土区划与生产技术指南 /
赵世华，张军翔主编 . -- 北京 ：中国农业出版社，
2025．9． -- ISBN 978-7-109-33584-4

Ⅰ．S663.1-62；TS262.61-62

中国国家版本馆 CIP 数据核字第 20257DB624 号

宁夏贺兰山东麓
葡萄酒风土区划与生产技术指南
Ningxia Helanshan Donglu
Putaojiu Fengtu Quhua yu Shengchan Jishu Zhinan

中国农业出版社出版

地址：北京市朝阳区麦子店街18号楼

邮编：100125

责任编辑：郭晨茜　李澳婷

版式设计：刘亚宁　　责任校对：吴丽婷　　责任印制：王　宏

印刷：北京中科印刷有限公司

版次：2025年9月第1版

印次：2025年9月北京第1次印刷

发行：新华书店北京发行所

开本：787mm×1092mm　1/16

印张：10.75

字数：240千字

定价：78.00元

《宁夏贺兰山东麓葡萄酒风土区划与生产技术指南》

编委会

总策划	王　立
顾问	郝林海　王紫云
主任	黄思明
副主任	李　军　陈自军　文学慧　康　波　刘辛彧

编写组

主编	赵世华　张军翔
副主编	王　锐　张晓煜　陈卫平　穆海彬
参编	李如意　文　云　苏　丽　李　明　王亚麒
	李阿波　李红英　张　亮　刘晓君　王　静
	徐美隆　许泽华　牛锐敏　李昱龙　金　刚
	陈方圆　张　众　马丹阳　马国东　马易通
	李　鑫　刘　玫　付倩雯　奚　强　马　杰
	左　瀛　冯延涛　王旭东　白　军
地图审核	蒋　巍　张静静　张淑霞　马国童

《宁夏贺兰山东麓葡萄酒风土区划与生产技术指南》是一本用于了解和认识贺兰山东麓葡萄酒产区风土的指南。那么，什么是"风土"呢？

9 年前，也就是 2015 年 12 月 12 日，在上海风土复兴国际葡萄酒文化研讨会上，我曾说道："风土是什么？它是风也是土，却又不单纯是风或土。风土是阳光，是砾石，是山川，是河流；风土是果农骂你的粗话，是酿酒师的高兴与不高兴。"

今天，中国市场上约有 22 亿瓶葡萄酒，其中进口葡萄酒约 7 亿瓶，中国自产的工厂葡萄酒约 13 亿瓶（主要依靠从国内外收购葡萄汁来加工葡萄酒），中国"酒庄酒"约 2 亿瓶（是指每个酒庄都位于葡萄园中，每一瓶酒都是从葡萄藤上孕育而来的）。进口酒中有其风土，我们要好好欣赏，但那不是中国的风土。工厂酒中或许也有风土，但那是工业化拼凑又破坏后的残迹。那么中国葡萄酒的风土在哪里呢？在酒庄，在葡萄园，在产区，在那 2 亿瓶中国"酒庄酒"之中。没有葡萄园，没有酒庄，没有产区，何来风土？

风土就是贺兰山，就是黄河水；风土就是冬天用黄土埋藤，春天借清风展叶；风土就是祈盼的降雨，就是早来的晚霜；风土就是根瘤蚜，就是霜霉菌……风土就是你吃了一碗羊杂碎后唱的那只宁夏花儿。

风土要落地。先问是何方风土，籍贯在哪里，具体是哪个产区、哪个酒庄、哪个园子，甚至是哪一片地。这本《宁夏贺兰山东麓葡萄酒风土区划与生产技术指南》归纳整理了贺兰山东麓葡萄酒产区构成风土的三大要素，即天、地、人。

天

气候是影响产区风土的主要因素。其中，光照、年日照时数、活动积温、无霜期天数、平均气温、极端气温、年降水量以及葡萄成熟期降水量等因素，特别是昼夜温差与空气相对湿度，会对葡萄果实品质产生较大影响，进而影响葡萄酒的品质。贺兰山东麓葡萄酒产区在气候方面具有优势。该产区光热资源丰富，日照充足，昼夜温差大，干燥少雨，空气相对湿度小，光、温、雨配置优良。不过，冬季干冷、晚霜冻以及大风冰雹等情况是该产区面临的直接气候风险。

地

土壤的地质成因决定了其基本物理化学性质，同时，在气候和人为因素的作用下，又形成了不同的土壤生物学性质。沿贺兰山东麓南北绵延，一直延伸至红寺堡、沙坡头，土壤有较大的差异。从洪积扇至黄河西岸，海拔、地势、坡面朝向多样，土壤表层与深层各类微量元素丰富，且通透性好，有利于葡萄根系向深处伸展，增加了葡萄果实乃至葡萄酒的差异性。动物、植物、微生物是影响产区风土的重要因素，但往往被忽视。大自然是公平的，该产区虽然降水少，无长年地表径流水，但地处黄河河套地区，拥有人为可以控制的黄河水。针对土壤有机质和水分含量较低的情况，根据不同地块的实际情况，人为补充水肥是贺兰山东麓产区管理的侧重点。

人

不同产区的人不同。人们对葡萄酒的理解、对自然的态度、文化背景以及人文习俗，这些因素决定了人与葡萄酒关系的不同，包括种植模式、葡萄品种的选择、采收酿造方式、工艺设备的运用以及趣味偏好等方面的不同。贺兰山东麓产区是中原农耕文化与草原游牧文化相互融合之地。这里"外来人"多，自古以来就是多元文化交汇碰撞之处，这里的人们对于葡萄种植以及葡萄酒酿造和饮用有着独特的传统与理念。例如在葡萄种植方面，有冬埋春展、深施秸秆畜肥、淌灌漫水、打理枝梢等做法。现在西方流行的"生物动力法"，其实在宁夏黄河河套地区传统农耕作业中早就存在。这种传统农耕方式循日月风雪之道，在春夏秋冬的轮回中吸收牛羊粪土的精华。在当下，在尊重自然、继承传统的基础上，如何培育产区自育品种与区域酵母菌、科学设计埋土架形、优化田间管理、创新酿造和工艺等，是产区需要着重探索与实践的方向。

本书对宁夏产区概况、气候、土壤、小产区及子产区划分、种植、酿造、品质调控等内容进行了归纳，客观地介绍了宁夏产区由"天、地、人"共同构成的风土情况。它一方面为产区提供了遵循的依据，另一方面也让葡萄酒爱好者得以了解宁夏贺兰山东麓葡萄酒产区的风土内涵。从根本上讲，葡萄酒是特定自然环境与文化环境共同作用的产物。每个葡萄产区都相当于一个自然生态圈和一个文化生态圈，由于这两个"圈"各不相同，所以其风土也存在差异。从这个意义上讲，在世界葡萄酒产区的大花园中，可谓万紫千红、杂木生芳，各个产区都有其独特之美，葡萄酒产区并不存在统一的"标准化指南"。

郭怀海

一个优秀的葡萄酒产区和一个优质酿酒葡萄品种所产生的影响力，取决于在气候、土壤等自然条件与种植技术、酿酒工艺等人为因素的协同作用下，酿造出带有这一方风土特色的葡萄酒。葡萄酒的"风土"包含着时间和空间的概念，体现了所在产区的土壤、气候、地形、生态景观以及生物多样性特征。具体来讲，它是指由产区的土壤、气候等自然要素，历史、文化等人文要素，以及栽培、酿造技术等人为要素共同构成的"天、地、人"综合体。

葡萄酒产区"风土"的概念有着悠久的历史，葡萄栽培区划与适地生产技术亦是如此。为了充分发挥一个葡萄酒产区独特的气候、土壤等自然条件的优势，挖掘一个酿酒葡萄品种在该产区的品质和效益潜力，世界上一些知名优质葡萄酒产区在深入研究产区土壤、气候以及酿酒葡萄品种特性的基础上，开展了产区土壤、气候、品种的区划研究，并形成了小产区精准栽培技术和酿造工艺。

如今，葡萄酒产区"风土"与区划已成为一个跨学科的研究领域，涉及气象、

土壤、栽培、酿造、生物等众多学科以及更为专业的方法学。在 40 多年的发展历程中，宁夏贺兰山东麓葡萄酒产区针对酿酒葡萄品种选育、栽培技术、酿造工艺等方面展开了深入研究与实践，使得贺兰山东麓产区的酿酒葡萄和葡萄酒品质展现出独特潜力，得到了国内外的广泛认可，产区影响力大幅提升。

《宁夏贺兰山东麓葡萄酒风土区划与生产技术指南》一书由宁夏长期从事葡萄酒产业研究的专家和学者共同编写。编写过程中，应用了近十年涉及贺兰山东麓产区区划与高标准生产技术的近 40 项创新研究成果，耗时近 3 年进行调查、研究与分析，并与各个子产区以及酒庄企业开展广泛的交流讨论，最终构建起贺兰山东麓产区"风土"区划与标准化技术体系。该成果在青铜峡市、西夏区两个子产区和 7家酒庄进行了示范，并在青铜峡市、西夏区开展了现场培训与推广应用，受到各子产区、酒庄企业以及专业人员的欢迎与肯定。《宁夏贺兰山东麓葡萄酒风土区划与生产技术指南》共有 8 章，第一章"宁夏葡萄酒产业概况"由李如意、苏丽、文云、穆海彬编写；第二章"产区气候区划"由

李红英、王静、张晓煜编写；第三章"产区土壤区划"由王亚麒、李昱龙、刘晓君、王锐编写；第四章"小产区划分"由王亚麒、张晓煜、李昱龙、李红英、刘晓君、王锐编写；第五章"酿酒葡萄种植"由陈卫平、牛锐敏、徐美隆、李阿波编写；第六章"葡萄酒酿造"由张军翔、张亮、金刚、张众编写；第七章"葡萄酒品质调控"由张军翔、张亮、李明、陈方圆编写；第八章"产区管理"由苏丽、李如意、文云、穆海彬编写。

产区区划与相关技术成果是动态变化的，随着时间的推移，葡萄酒"风土"的研究方法会不断进步，对于酿酒葡萄品种、种植密度、树形等生产要素和土壤、温度、光照等生态环境要素相互作用的研究也将更加精准，产区区划与标准化技术体系会进一步完善。酒庄企业应积极应用这些研究集成的成果，关注所在产地独立种植区或划分小区的风土、品种以及技术方面的研究分析。基于酿酒葡萄园之间存在的差异性，因地制宜地采取相应的技术管理措施，从而更好地发挥独特风土资源与栽培品种在高质量生产方面的潜力。酒庄企业还能据此精准地讲好"风土""品种"与葡萄酒风格的故事，向市场及消费群体推荐优质葡萄酒品牌，扩大酒庄葡萄酒品牌的影响力，助力贺兰山东麓产区品牌升级。

目前，有关产区气候、土壤、品种以及栽培、酿造技术等方面的研究仍在进行，研究精准度仍在持续完善和提升，贺兰山东麓产区风土区域化、标准化技术构建只能到此阶段，所有遗憾只能留给后面的专家学者来补充完善。书中如有不足之处，还望广大读者批评指正。

编写组

2025 年 6 月

目录

宁夏贺兰山东麓
葡萄酒风土区划与生产技术指南

第一章
宁夏葡萄酒产业概况

第一节　产业简介

宁夏葡萄酒产业起步于 20 世纪 80 年代初。2003 年，宁夏贺兰山东麓产区被确定为国家地理标志产品保护区，共涉及银川、石嘴山、吴忠、中卫 4 个地级市的 12 个县（市、区）和农垦 5 个农场，2013 年被编入《世界葡萄酒地图》，成为世界葡萄酒产区的新板块。产区坚持"酒庄基地一体化""种酿一体化""酒庄酒"发展模式，中高端与大众化同步发展。经过 40 多年的发展，已经成为业界公认的、世界上种植优质酿酒葡萄和生产高端葡萄酒的"黄金地带"。世界葡萄酒大师杰西斯·罗宾逊曾表示，毋庸置疑，中国葡萄酒的未来在宁夏。2021 年，国家葡萄及葡萄酒产业开放发展综合试验区、中国（宁夏）国际葡萄酒文化旅游博览会落户宁夏，标志着宁夏葡萄酒产业发展上升到国家层面。

截至 2023 年，宁夏酿酒葡萄种植和开发面积达 4 万 hm^2，占全国种植面积的 35% 左右，是我国最大的酿酒葡萄集中连片产区。主栽的红色酿酒葡萄品种有赤霞珠、蛇龙珠、美乐、品丽珠、黑比诺、西拉、马尔贝克、马瑟兰、佳美、小味儿多等，占 90% 左右；白色酿酒葡萄品种有霞多丽、贵人香、雷司令、长相思、威代尔、维欧尼等，占 10% 左右。现有酒庄和种植企业实体共 253 家（其中已建成酒庄 128 家），年产葡萄酒 1.4 亿瓶，占国产酒庄酒酿造总量的近 40%，酒庄酒产量位居全国第 1。贺兰山东麓产区位列国际葡萄酒产区品牌榜第 4 位，"贺兰山东麓葡萄酒"品牌价值高达 320.2 亿元，在全国地理标志产品区域品牌榜中位居第 8 位。先后有 60 多家酒庄的葡萄酒在品醇客世界葡萄酒大赛、布鲁塞尔国际酒类大奖赛、柏林葡萄酒大奖赛等国际大赛中共获得 1 300 多个大奖，获奖数量占全国总数的 60% 以上。产区葡萄酒远销 40 多个国家和地区，已成为宁夏与世界对话、让世界认识宁夏的"紫色名片"。此外，产区内有 21 家酒庄（葡萄酒产业镇）获得国家 2A 级及以上旅游景区称号，产区年接待游客超过 200 万人次，综合产值达 401.6 亿元（表 1-1）。

表 1-1　2023 年贺兰山东麓产区葡萄酒产业发展现状汇总

地区	开发和种植酿酒葡萄基地面积 （万 hm²）	已建成酒庄数量 （个）
石嘴山市 平罗县	0.2	
惠农区	0.3	2
大武口区	0.3	1
小计	0.8	3
西夏区	5.8	30
金凤区	0.5	3
银川市 贺兰县	4.4	19
永宁县	13.2	20
小计	23.9	72
青铜峡市	14.7	23
利通区	0.1	1
吴忠市 红寺堡区	11.3	22
同心县	2.6	
小计	28.7	46
中宁县	0.1	1
中卫市 沙坡头区	0.2	1
小计	0.3	2
宁夏农垦集团	6.5	5
总计	60.2	128

注：数据截至 2023 年 12 月底。

习近平总书记于 2016 年、2020 年两次视察宁夏，都对宁夏葡萄酒产业给予高度肯定，并寄予殷切期望。2016 年，习近平总书记指出，中国葡萄酒市场潜力巨大，贺兰山东麓酿酒葡萄品质优良，宁夏葡萄酒很有市场潜力，对酿酒葡萄产业进行综合开发的路子是正确的，要坚持走下去。2020 年强调指出随着人民生活水平不断提高，葡萄酒产业前景广阔。宁夏葡萄酒产业是我国葡萄酒产业发展的一个缩影，了解宁夏葡萄酒产业就等于了解中国葡萄酒产业。宁夏要把发展葡萄酒产业同加强黄河滩区治理、加强生态恢复结合起来，提高技术水平，增加文化内涵，加强宣传推介，打造自己的知名品牌，提高附加值和综合效益。假以时日，可能在 10 年、20 年后，中国葡萄酒"当惊世界殊"。习近平总书记的重要指示为宁夏推进葡萄酒产业高质量发展指明了方向、提供了遵循、注入了动力。

规划用 5～10 年时间，使酿酒葡萄种植规模达到 6.67 万 hm^2 以上，年产优质葡萄酒 24 万 kL 以上，力争实现综合产值 1 000 亿元。

第二节　产业历史

中国最早有关葡萄酒的记录见于《史记》。公元前 138 年，西汉特使张骞出使西域，看到"宛左右以蒲陶为酒，富人藏酒至万余石，久者数十岁不败"，于是带回了葡萄品种、种植技术和葡萄酒酿造技术，途经新疆、甘肃河西走廊，到达宁夏、陕西等西北地区。

葡萄在宁夏有着悠久的栽培历史。1982 年，玉泉营农场率先引进龙眼、玫瑰香、红玫瑰等酿酒与鲜食兼用品种，建立了宁夏首个酿酒葡萄基地。1984 年，宁夏第一家葡萄酒企业玉泉营葡萄酒厂建成。

1994 年，全国第四次葡萄科学讨论会在宁夏召开。贺普超、罗国光、李华、晁无疾等国内知名专家赴宁夏考察后指出：宁夏是中国发展优质葡萄酒极为理想的基地。从长远战略上看，葡萄酒产业务必向西部，特别是向西北发展，这里是中国很有发展前途的高档葡萄酒基地。

1997 年，宁夏回族自治区人民政府将葡萄酒列为宁夏六大支柱产业之一。自此，宁夏的葡萄酒产业踏上了规模化发展的道路，相继吸引了以银广夏、御马为代表的十几家企业前来兴建基地和酒厂。

2003 年 4 月，国家质量监督检验检疫总局正式批准对贺兰山东麓葡萄酒实施原产地域保护（2011 年将红寺堡区纳入国家地理标志产品保护产地范围）。同年，宁夏回族自治区制定《宁夏优势特色农产品区域布局及发展规划》。

2004 年，宁夏回族自治区人民政府出台《关于加快宁夏葡萄产业发展的实施意见》。张裕、中粮长城、保乐力加、轩尼诗、美贺等国内外知名企业相继落户宁夏。

2006 年，依托宁夏大学建立了葡萄与葡萄酒教育部工程研究中心。

2009 年，在宁夏农林科学院建设国家葡萄产业体系贺兰山东麓综合试验站。

2012 年，宁夏回族自治区人民政府印发了《中国（宁夏）贺兰山东麓葡萄产业及文化长廊发展总体规划（2011—2020 年)》，规划出贺兰山东麓发展百万亩[*]葡萄文化长廊的蓝图，制定了"一廊、一心、三城、五群、十镇、百庄"的发展规划，即建设 1 个葡萄酒文化发展中心、3 个葡萄酒城、10 个各具特色的葡萄主题小镇和 100 个以上酒庄 (堡)。至此，宁夏葡萄酒产业进入快速发展阶段。

同年，宁夏被国际葡萄与葡萄酒组织（OIV）吸收为中国第一个省级观察员；中国第一部葡萄酒产区地方性法规《宁夏回族自治区贺兰山东麓葡萄酒产区保护条例》颁布；首届贺兰山东麓国际葡萄酒博览会召开。

2013 年，宁夏大学葡萄酒学院挂牌成立，成为中国第一所建在葡萄酒产区的葡萄酒学院。《宁夏贺兰山东麓葡萄酒产区列级酒庄评定管理暂行办法》发布并实施。美国《纽约时报》评选 2013 年全球"必去"的 46 个最佳旅游地，宁夏入选，理由是"在宁夏可以酿造出中国最好的葡萄酒"。国家科技支撑计划"宁夏葡萄栽培与产业化关键技术研究与示范"在宁夏启动并实施。

2015 年，宁夏葡萄酒与防沙治沙职业技术学院成立。

2019 年起，宁夏葡萄酒产业进入高质量品牌化发展阶段。宁夏贺兰山东麓葡萄酒教育学院在闽宁镇成立，并推出了中国第一套产区葡萄酒推广课程，即宁夏贺兰山东麓产区葡萄酒初阶教程、宁夏贺兰山东麓产区葡萄酒初阶讲师教程。"贺兰山东麓葡萄酒"被纳入中欧地理标志协定附录。国家重点研发计划项目"宁夏贺兰山东麓葡萄酒产业关键技术研究与示范"在宁夏启动并实施。宁夏大学主持的"宁夏贺兰山东麓葡萄酒产业技术体系创新与应用"项目获宁夏回族自治区科技进步奖一等奖。

2020 年，《自治区党委办公厅 人民政府办公厅关于印发自治区九大重点产业高质量发展实施方案的通知》（宁党办〔2020〕88 号）印发。

2021 年，《宁夏国家葡萄及葡萄酒产业开放发展综合试验区建设总体方案》（农外发〔2021〕1 号）印发。同年，《自治区人民政府办公厅 关于印发宁夏贺兰山东麓葡萄酒产业高质量发展"十四五"规划和 2035 年远景目标的通知》（宁政办发〔2021〕110 号）印发。

---

* 亩为非法定计量单位，1 亩 =1/15hm²。——编者注

2022 年，宁夏回族自治区第十三次党代会提出，深入实施特色农业提质计划，大力发展葡萄酒、枸杞、牛奶、肉牛、滩羊、冷凉蔬菜"六特"产业。

2023 年，中国气象服务协会授予贺兰山东麓酿酒葡萄产区"酿酒葡萄黄金气候带"称号。宁夏贺兰山东麓葡萄酒产业技术协同创新中心在综试区核心区——银川市永宁县闽宁镇揭牌成立。由宁夏回族自治区气象局与宁夏贺兰山东麓葡萄酒产业园区管理委员会联合申报的"全国酿酒葡萄气象服务中心"，经中国气象局与农业农村部的联合认定，落户贺兰山东麓。

第三节　产区界定

为推进宁夏葡萄酒产业高质量发展，实现"当惊世界殊"的美好愿景，宁夏回族自治区结合产业发展现状与未来发展方向，依据《宁夏贺兰山东麓葡萄酒产业高质量发展"十四五"规划和 2035 年远景目标》，在国家地理标志产品保护区范围基础上扩大了产区范围，向北辐射至石嘴山市惠农区，向西南辐射至中卫市沙坡头区、中宁县，向东南辐射至吴忠市同心县。涉及 4 市 12 县（市、区）以及农垦集团农（林）场，包括石嘴山市惠农区、平罗县、大武口区，银川市金凤区、西夏区、贺兰县、永宁县，吴忠市青铜峡市、利通区、红寺堡区、同心县，中卫市沙坡头区、中宁县，以及农垦集团黄羊滩农场、玉泉营农场、贺兰山农牧场、平吉堡农场、暖泉农场、连湖农场、银川林场、渠口农场、芦花台园林场。

第四节　产区管理

1997 年，宁夏回族自治区明确由财政厅、科技厅牵头，对葡萄酒产业实施统一管理。

2001 年，中国第一家省级葡萄产业协会——宁夏葡萄产业协会成立，随后各相关市、县（区）也陆续成立了葡萄酒产业协会（联盟）。

2004 年，宁夏回族自治区人民政府将葡萄酒产业管理部门调整为宁夏回族自治区林业局，并成立了宁夏葡萄产业办公室（宁夏果树技术工作站）。

2012 年，宁夏回族自治区林业局在宁夏林业产业发展中心的基础上，成立了宁夏回族自治区葡萄花卉产业发展局；同年，成立贺兰山东麓葡萄与葡萄酒联合会，取代了宁夏葡萄产业协会。

2014 年，宁夏回族自治区组建宁夏贺兰山东麓葡萄产业园区管理委员会，下设办公室，同时将宁夏回族自治区葡萄花卉产业发展局更名为宁夏回族自治区葡萄产业发展局。宁夏贺兰山东麓葡萄产业园区管理委员会对贺兰山东麓葡萄产业文化长廊建设实行统一领导、统一规划、统筹建设和协调管理。

2021 年，宁夏贺兰山东麓葡萄产业园区管理委员会更名为宁夏贺兰山东麓葡萄酒产业园区管理委员会，并被赋予自治区及地级市的部分经济管理权。

第五节　节庆活动

贺兰山东麓葡萄酒产区有两项重要活动。

贺兰山东麓国际葡萄酒博览会：由宁夏回族自治区人民政府主办，2012 年举办首届，此后每年举办一次。连续举办 9 届后，2021 年，贺兰山东麓国际葡萄酒博览会升格为"国家级"展会，更名为"中国（宁夏）国际葡萄酒文化旅游博览会"，由农业农村部、文化和旅游部、中国人民对外友好协会、宁夏回族自治区人民政府共同主办。截至 2023 年，共举办了 3 届（图 1-1）。

图 1-1　2023 年第三届中国（宁夏）国际葡萄酒文化旅游博览会

宁夏贺兰山东麓葡萄春耕展藤节：由宁夏贺兰山东麓葡萄酒产业园区管理委员会主办，2015 年举办了首届，之后每年举办一届，截至 2023 年共举办了 9 届。春耕展藤节展示了贺兰山东麓葡萄酒产区农耕文化，进一步彰显了好葡萄酒是种出来的理念。葡萄酒的品质保障从春季葡萄藤出土上架便开始，全程实施标准化管理（图 1-2）。

图 1-2　2023 年第九届宁夏贺兰山东麓葡萄春耕展藤节

第二章
产区气候区划

第一节　气候资源

　　贺兰山东麓产区属于温带干旱半干旱气候，冬无严寒，夏无酷暑，日照时间长，热量充足，水热配置好，无霜期长，昼夜温差较大，干燥少雨，处于中国酿酒葡萄种植的黄金气候带上。

一、年日照时数

　　贺兰山东麓产区年日照时数为2 813～3 049h，呈西北高东南低的趋势。其中，红寺堡大部分地区的年日照时数为2 800～2 900h，贺兰、西夏、金凤、永宁、中宁、红寺堡部分区域的年日照时数为2 900～2 950h，其他地区的年日照时数都超过2 950h，尤其是沙坡头，部分区域年日照时数超过3 000h（图2-1）。

二、≥10℃活动积温

　　贺兰山东麓产区大部地区≥10℃活动积温都在3 300℃以上，呈北高南低的趋势。其中，大武口、平罗全部以及惠农、贺兰、西夏、中宁部分和青铜峡小部分区域≥10℃活动积温在3 600℃以上，为热量资源高值区；惠农部分、金凤、永宁大部和青铜峡大部、沙坡头东部地区≥10℃活动积温为3 500～3 600℃；惠农、贺兰、西夏、永宁、青铜峡等沿贺兰山的地区和红寺堡大部≥10℃活动积温为3 300～3 500℃；贺兰山沿山、红寺堡环罗山地区及沙坡头小部分区域≥10℃活动积温为2 800～3 300℃，为热量低值区（图2-2）。

三、无霜期

　　贺兰山东麓产区无霜期为153～180d，大部地区无霜期为160～170d。其中，中宁、沙坡头部分区域无霜期超过170d；贺兰山沿山高海拔地区和红寺堡部分区域无霜期为150～160d（图2-3）。

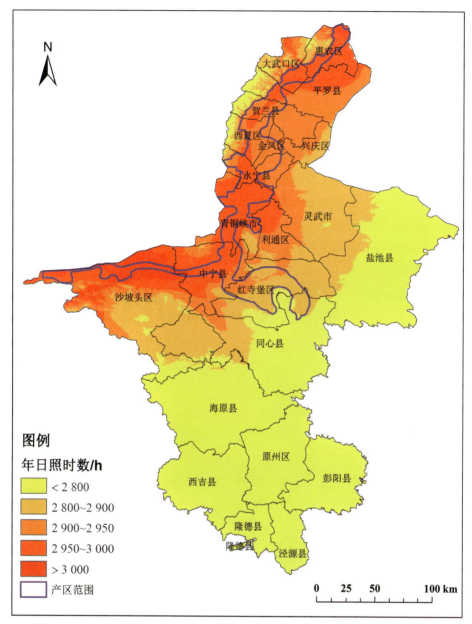

图 2-1　贺兰山东麓产区年日照时数分布

四、6—8 月平均气温

6—8 月为酿酒葡萄关键生长期，贺兰山东麓产区 6—8 月平均气温为 19～24℃，呈北部高、西部和南部低的趋势。其中，惠农、平罗、大武口、贺兰大部、西夏大部、金

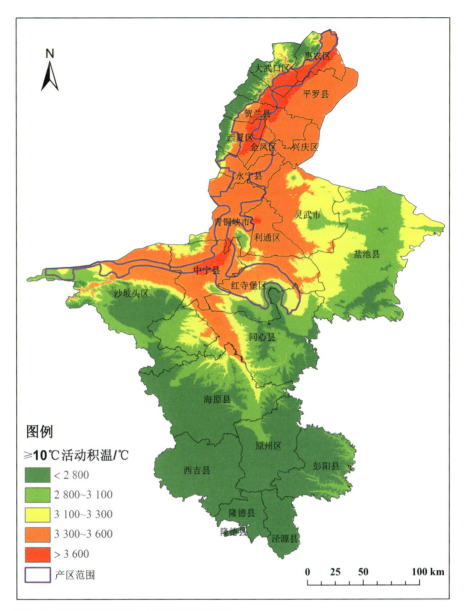

图 2-2　贺兰山东麓产区≥10℃活动积温分布

凤、永宁大部、青铜峡小部、中宁大部区域6—8月平均气温在23℃以上；贺兰和永宁沿山、青铜峡大部、中宁小部、沙坡头东部以及红寺堡大部区域6—8月平均气温为22～23℃；沙坡头西部、红寺堡环罗山地区6—8月平均气温低于22℃（图2-4）。

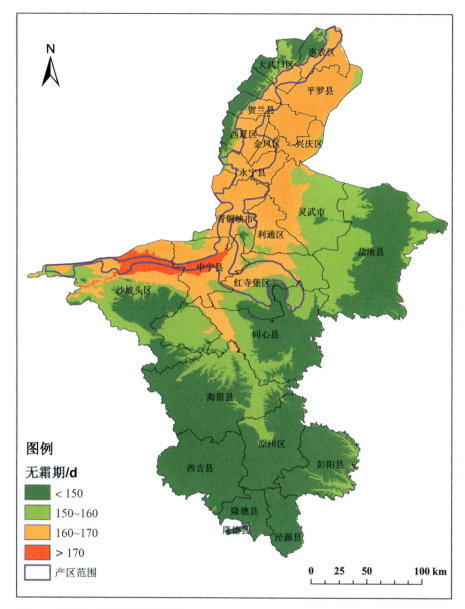

图例

无霜期/d

- ■ < 150
- ■ 150~160
- ■ 160~170
- ■ > 170
- □ 产区范围

0　25　50　　　100 km

图 2-3　贺兰山东麓产区无霜期分布

五、最热月平均气温

　　贺兰山东麓产区最热月平均气温为 22 ~ 25℃，呈北高南低分布。其中，大部地区最热月平均气温在 24℃以上；贺兰沿山、西夏沿山、永宁沿山、青铜峡部分、沙坡头部分和红寺堡大部区域最热月平均气温为 23 ~ 24℃；沙坡头西部和红寺堡环罗山高海拔地区

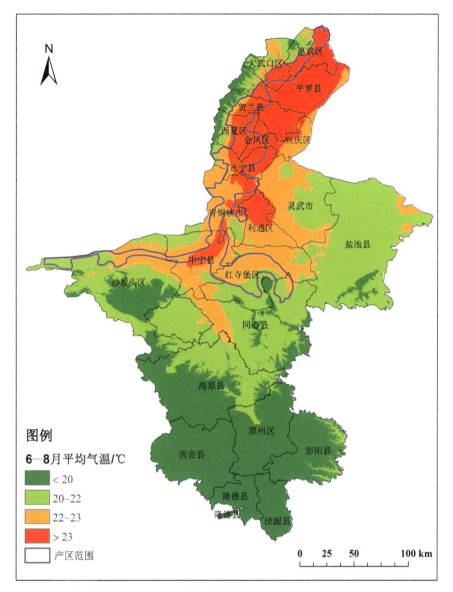

图 2-4　贺兰山东麓产区 6—8 月平均气温分布

最热月平均气温在 23℃ 以下（图 2-5）。

六、年极端最低气温

　　贺兰山东麓产区年极端最低气温为 −29 ～ −24℃，呈中间高两边低的趋势。其中，青铜峡大部和永宁南部区域年极端最低气温高于 −26℃，大武口小部、永宁大部、青铜

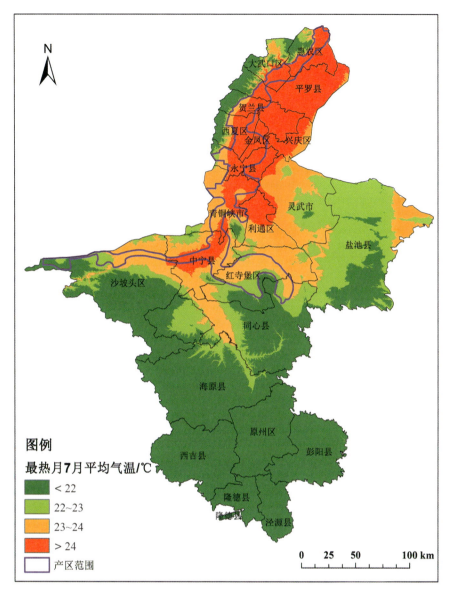

图 2-5 贺兰山东麓产区最热月平均气温分布

峡小部、中宁东部、红寺堡北部区域年极端最低气温为 $-27 \sim -26℃$。惠农大部、平罗、大武口大部、贺兰、西夏大部、金凤大部、中宁西部、红寺堡大部区域年极端最低气温为 $-28 \sim -27℃$，沙坡头年极端最低气温低于 $-28℃$（图 2-6）。

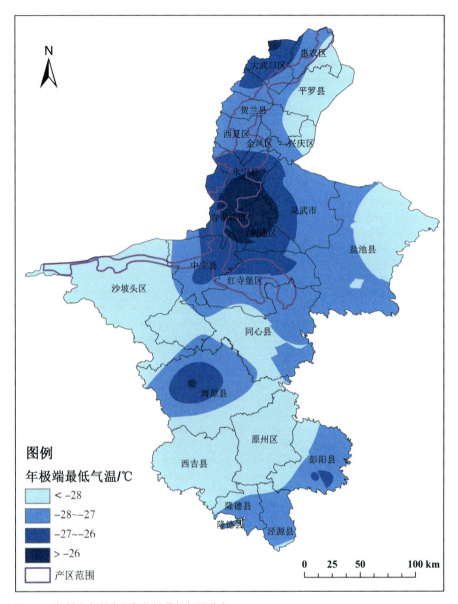

图例

年极端最低气温/℃

- < −28
- −28~−27
- −27~−26
- > −26
- 产区范围

图 2-6　贺兰山东麓产区年极端最低气温分布

七、气温日较差

　　贺兰山东麓产区气温日较差为 12.5 ～ 13.9℃。其中，惠农大部、大武口、平罗、贺兰东部、青铜峡南部、中宁大部、沙坡头大部区域气温日较差大于 13.0℃，其他地区低于 13.0℃（图 2-7）。

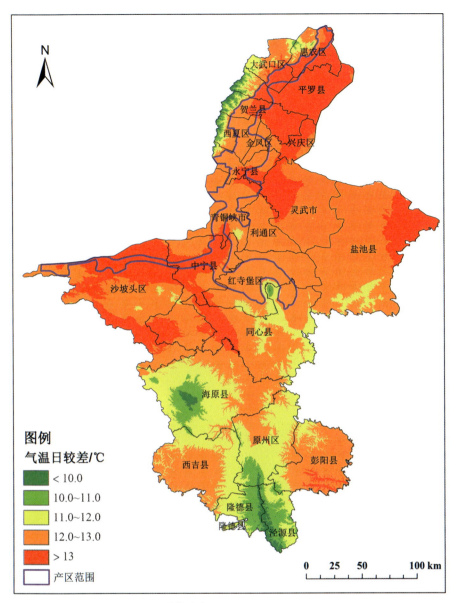

图 2-7 贺兰山东麓产区气温日较差分布

图例

气温日较差/℃

- < 10.0
- 10.0~11.0
- 11.0~12.0
- 12.0~13.0
- > 13
- 产区范围

八、年降水量

贺兰山东麓产区年降水量为 173 ～ 261mm，呈北少南多趋势。其中，永宁以北大部和沙坡头大部区域年降水量小于 175mm，永宁到中宁大部区域为 175 ～ 200mm，中宁东部和红寺堡大部区域超过 200mm（图 2-8）。

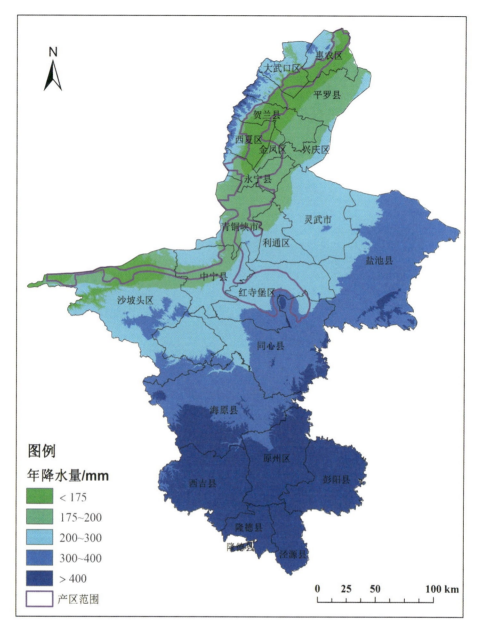

图例

年降水量/mm

- <175
- 175~200
- 200~300
- 300~400
- >400
- 产区范围

0 25 50 100 km

图 2-8 贺兰山东麓产区年降水量分布

九、9 月降水量

9 月是贺兰山东麓产区酿酒葡萄成熟期，降水量为 19 ～ 46mm，呈北低南高的趋势。其中，中宁以北和沙坡头 9 月降水量小于 30mm，中宁东南部和红寺堡大部 9 月降水量为 30 ～ 40mm，环罗山区域超过 40mm（图 2-9）。

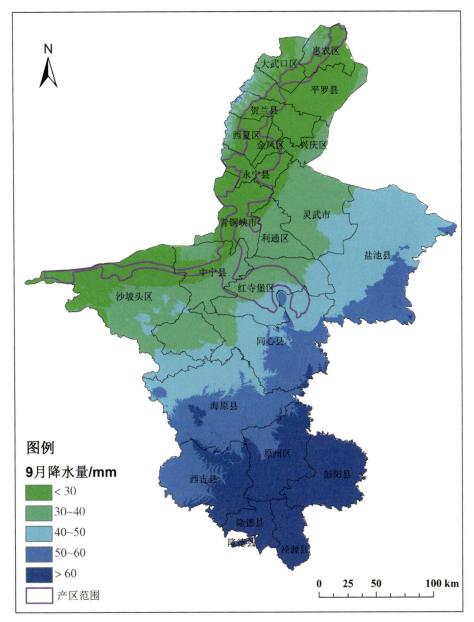

图 2-9 贺兰山东麓产区 9 月降水量分布

十、生长季空气相对湿度

　　贺兰山东麓产区酿酒葡萄生长季空气相对湿度大部分为 47.0% ～ 54.2%，呈北低南高的趋势。其中，西夏大部、金凤小部、贺兰、平罗、大武口、惠农、永宁小部、沙坡头小部区域为 45.0% ～ 50.0%，其他区域均在 50.0% 以上（图 2-10）。

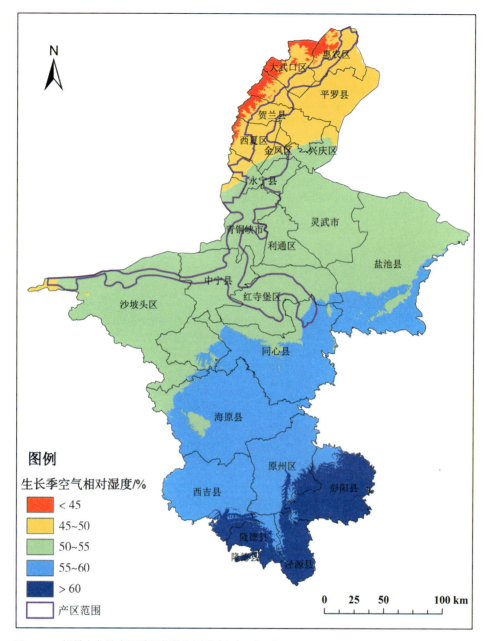

图 2-10　贺兰山东麓产区酿酒葡萄生长季空气相对湿度

十一、干燥度

贺兰山东麓产区酿酒葡萄生长季干燥度大部在 2.5 以上，呈北高南低趋势（图 2-11）。

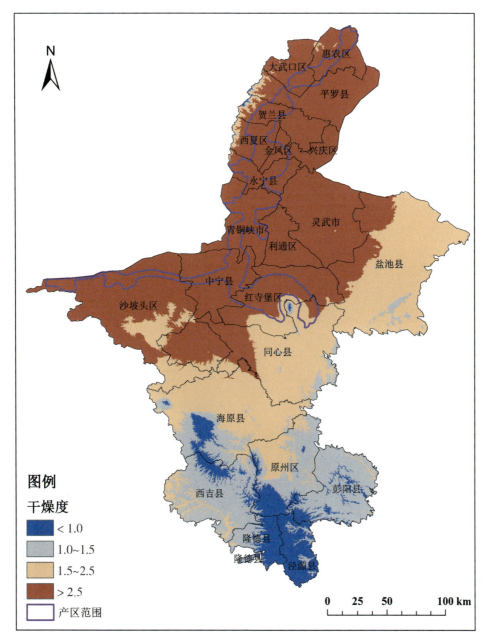

图 2-11　贺兰山东麓产区酿酒葡萄生长季干燥度

第二节　气象灾害

一、晚霜冻

　　春季4—5月为贺兰山东麓产区酿酒葡萄出土至春梢生长的时期，此时期气温变化幅度大，冷空气活动相对频繁，容易导致酿酒葡萄幼芽或新梢受冻。以 −3℃ 和 −1℃ 为酿酒葡萄萌芽期和新梢生长期晚霜冻发生的温度阈值，系统评估了宁夏酿酒葡萄晚霜冻灾害风险，贺兰山东麓产区大部处于晚霜冻灾害的低风险区（图 2-12）。

二、越冬冻害

越冬冻害主要影响酿酒葡萄根茎和冬芽，贺兰山东麓产区越冬冻害风险北高南低，主

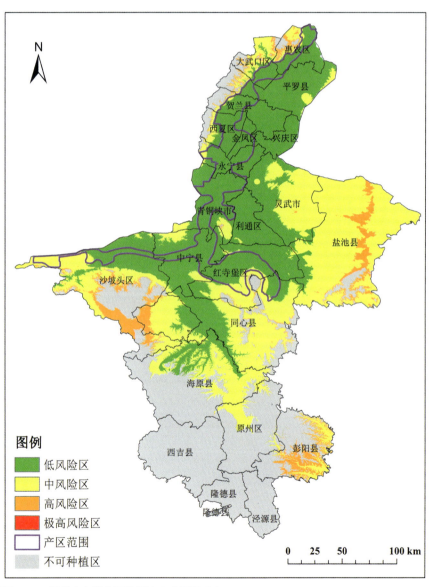

图 2-12　贺兰山东麓产区晚霜冻灾害风险分布

要以中低风险为主。20 世纪 80 年代以来，贺兰山东麓产区达到越冬冻害温度阈值的天数呈减少趋势（图 2-13）。

三、连阴雨

连阴雨灾害主要发生在酿酒葡萄成熟期，容易造成病害滋生，导致果实开裂腐烂。贺兰山东麓产区连阴雨灾害风险较低，除红寺堡为中风险外，大部为低风险（图 2-14）。

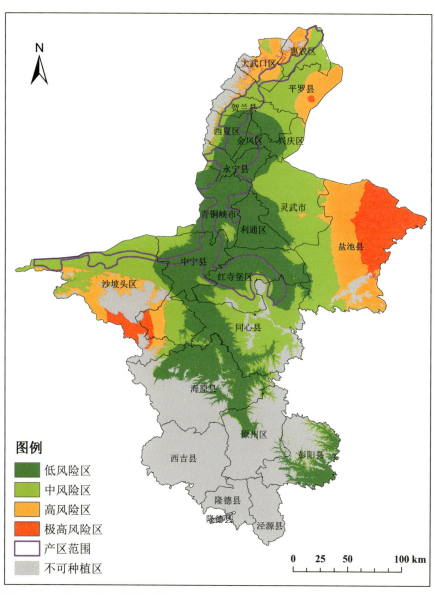

图 2-13　贺兰山东麓产区越冬冻害风险分布

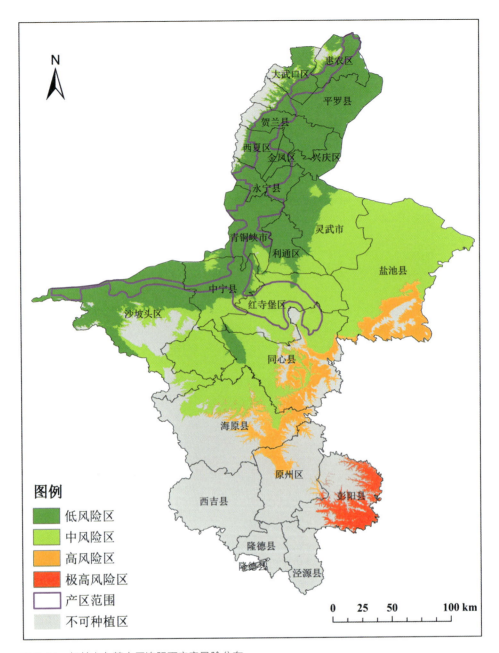

图例

- 低风险区
- 中风险区
- 高风险区
- 极高风险区
- 产区范围
- 不可种植区

图 2-14　贺兰山东麓产区连阴雨灾害风险分布

四、大风灾害

受贺兰山东麓区位和地形等影响，大风灾害一直是威胁贺兰山东麓产区的主要气象灾害之一。贺兰山东麓产区大风灾害风险各地存在差异，大部为中低风险（图 2-15）。近年来宁夏沙尘暴天气出现次数呈明显减少趋势，每 10 年减少 2.2 d 左右。

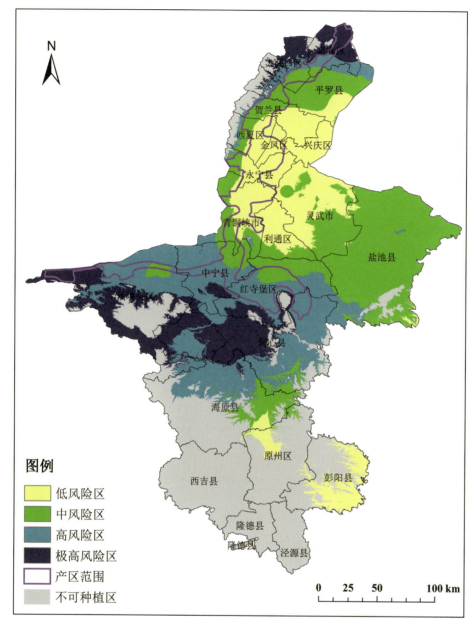

图 2-15　贺兰山东麓产区大风灾害风险分布

五、冰雹灾害

冰雹是宁夏主要气象灾害之一，每年 3—10 月都有不同程度的发生，多雹区主要集中在海拔较高的山区。冰雹灾害风险的大小，总体上与距源地（激发区）的远近以及路径情况有关。距源地（激发区）越近，受冰雹影响越大，距冰雹路径越远，遭受冰雹灾害的风险越小。

　　沿西北—东南方向，冰雹主要有 8 条路径，基本覆盖银川平原的惠农、平罗、贺兰、永宁、青铜峡等地。位于贺兰口源地的冰雹主要影响金山产区；位于大口子源地的冰雹主要影响镇北堡产区；位于高石墩源地的冰雹主要影响闽宁和玉泉营。另外，在灵武口子沟附近也分布着冰雹的激发区，一路影响下游的冯记沟、高沙窝、麻黄山等地。位于青铜峡芨芨沟源地的冰雹一条路径主要影响中宁的太阳梁乡和渠口农场，另外一条路径则主要影响白马乡和孙家滩。卫宁平原上的冰雹源地位于宁蒙边界的白盐池附近，沿着常乐、喊叫水一线向清水河流域移动（图 2-16）。

图 2-16　贺兰山东麓产区冰雹灾害风险分布

第三节　气候特点

　　贺兰山是我国季风气候与大陆性气候的分界线，这决定了贺兰山东麓既有季风气候的特点，又有大陆性气候的特点，即雨热同季、干燥少雨、光照充足、昼夜温差大。与我国东北、环渤海、怀涿盆地、清徐、河西走廊、新疆等葡萄产区的气候相比，宁夏贺兰山东麓的气候条件具有明显的特异性，得天独厚，适合中、晚熟葡萄种植的范围很广，处于酿酒葡萄黄金气候带上，是中国酿酒葡萄优质生态区之一。

一、光热资源丰富

1. 日照充足

　　贺兰山东麓产区年日照时数为 2 813～3 049h，低于河西走廊、新疆东部、内蒙古西部等地，高于东北、华北地区。生育期日照时数 1 250h 以上即可满足酿酒葡萄生长所需，贺兰山东麓产区生育期日照时数充足，可达 1 563～1 675h，充足的光照是葡萄转化光能为化学能、合成一切风味物质的基础。

2. 热量条件适宜

　　贺兰山东麓产区 ≥ 10℃活动积温为 3 206～3 680℃，低于新疆吐鲁番、石河子以及华北、秦皇岛、蓟州等地，高于甘肃河西走廊、内蒙古乌海和巴彦淖尔、陕西榆林等地，完全能满足赤霞珠、马瑟兰、西拉等晚熟品种正常成熟的需求，热量过多或过少都会影响到葡萄的成分结构，进而影响葡萄品质。

3. 昼夜温差适宜

　　7—9 月昼夜温差适中，昼夜温差为 12～14℃，低于新疆地区和甘肃河西走廊地区，高于东北、华北地区。昼夜温差过小，夜间温度偏高，葡萄呼吸代谢旺盛，不利于葡萄糖分积累，有机酸消耗过快，香味物质不易保存。昼夜温差过大，白天温度偏高，影响葡萄叶片正常的光合作用，易造成花色苷分解；夜间温度过低，对葡萄正常的代谢造成影响，白天的光合产物不能顺利转化为能量维持葡萄正常的生理功能，易造成葡萄糖分积累过快。合适的昼夜温差有重要意义，白天气温适宜有助于葡萄合成更多的光合产物，夜间低温可减少呼吸代谢消耗，有利于风味物质的缓慢积累，促进缩合单宁的形成，促进香味物质的积累和典型香气的合成，从而形成优良的葡萄成分结构。

二、干燥少雨

酿酒葡萄耐旱怕涝，相对干旱的环境有利于葡萄优良品质的形成。宁夏贺兰山东麓产区年降水量 173～261mm，炎热的夏季不足 150mm，葡萄采收期降水量不足 50mm。干燥少雨的气候，且有黄河灌溉之便利，为葡萄生长发育和品质形成创造了一个绝佳的水分环境，满足优质葡萄生产的水分条件。

产区酿酒葡萄生长期空气干燥，平均空气湿度为 45%～55%，既保证了一定的湿度条件，又能减少极端干燥空气（火风）对植物叶片和花器官造成的伤害。产区干燥度大于 2.5，生长季阴雨天少，空气干燥，葡萄病虫害发生轻，为葡萄的绿色生产创造了良好的生长环境。

三、光温水配置好

酿酒葡萄是喜光、喜温植物，全生育期需要有充足的光照。宁夏贺兰山东麓年日照时数达到 2 813～3 049h，日照百分率达到 65% 以上，为葡萄光合作用提供充足的能量，同时抑制了病菌的繁殖。

酿酒葡萄在不同生育期对温度的需求不同，葡萄新梢生长期适宜气温为 15～18℃，开花期适宜气温为 18～24℃，花芽分化期适宜气温为 25～30℃，浆果生长期适宜气温为 28～32℃，成熟期适宜气温为 17～24℃，采收期适宜气温为 12～18℃，越冬前需要一个相对低温期，气温不宜高于 12℃。贺兰山东麓春季升温快，气温完全能满足酿酒葡萄新梢生长、开花的需求。果实膨大期需要 28～32℃的高温，贺兰山东麓 6—8 月平均气温达到 22℃ 以上，能充分满足果实膨大对温度的需求；最热月温度适宜，高温天数少，7—9 月暖热但不过热，有利于抑制新梢生长，促进酿酒葡萄光合产物的合成，光合产物向果穗输送。果实成熟期天气转凉，秋高气爽，日照充足，降水稀少，有利于花色苷合成；夜温较低，降低了果实有机酸代谢强度。采收期气温较低，有利于果实在缓慢降温的条件下充分成熟，有利于香气物质的保持。采收后日照充足，气温较低，有利于冬芽充分发育，叶片养分回流。冬前低温时间长，酿酒葡萄枝条冷驯化充分，提高了枝条的抗寒性。

酿酒葡萄耐旱怕涝，在新梢生长期—开花期、坐果期—转色期、成熟期—采收期均需要相对干旱的环境，贺兰山东麓在这几个发育期的平均降水量分别为 26.7mm、73.2mm、69.8mm，辅以灌溉，能恰好满足葡萄全生育期对水分的需求，尤其是在开花期、成熟期和采收期降水稀少，有利于葡萄缩短开花期，保证果实发育均匀。

成熟期降水稀少，阳光充足，有利于葡萄合成更多的光合产物，增加了葡萄风味物质的丰富度，提高花色苷含量，改善单宁等多酚物质结构。采收期降水稀少，产区多年平均降水量均小于 30mm，能减少裂果，降低灰霉病发生的风险，有助于保持葡萄的品质。

四、气象灾害风险低且可控

宁夏贺兰山东麓主要的气象灾害有霜冻、越冬冻害、冰雹、大风、连阴雨等。由于受贺兰山高大山体阻挡，从西北过来的冷空气翻越山脉具有下沉增温效应，有效降低了风速，提高了环境温度。因此，贺兰山东麓葡萄种植区遭受霜冻、越冬冻害、冰雹、大风等灾害的风险较低，这些灾害的发生频率和危害程度都比较轻。越冬冻害已通过沟栽、埋土越冬等技术措施基本解决。霜冻危害已通过区域化布局，综合运用霜冻风险管理系统和防御技术大大减轻。

贺兰山东麓除玉泉营、红寺堡部分地区外，大部分种植区都成功避开了冰雹源地和冰雹路径区。

在贺兰山东麓，除中卫、红寺堡、同心等地外，大部分区域处于大风灾害的低风险区。对于大风灾害风险较高的地方，可以通过营造防护林、优化栽培方式等降低风险。

宁夏贺兰山东麓处于季风气候边缘，降水稀少，只有红寺堡地区处于连阴雨的中风险区，气候年际变化幅度较大。不过连阴雨主要发生在夏、秋季，尚未对产量和品质造成较大损失。

第四节　气候区划

一、气候区划原则和方法

1. 逐步分区和集优法

通过采用逐步分区和集优法，并结合气候区划指标，运用地理信息系统 ArcGIS 的空间分析功能，将站点尺度的气候指标推算至面上。遵循生态学最小因子定律，完成酿酒葡萄气候区划。

2. 气候区划指标网格推算模型

采用小网格推算方法将站点尺度的气候指标推算至空间上。

首先，建立各指标与站点经度、纬度、海拔等地理信息间的数学关系模型，利用该模型将站点尺度的气候因子推算至空间尺度上，空间分辨率为 1∶25 万。其次，运用反距离加权（Inverse Distance Weighted，IDW）方法将模型残差进行栅格化处理，用来订正气候因子的空间分布图。最后得到各气候因子的空间分布图。

$$Y=f\ (\lambda,\ \varphi,\ h)\ +\varepsilon$$

式中，Y 为气候指标（如 ≥10℃ 积温、无霜期等）；λ、φ、h 分别为经度、纬度、海拔高度；ε 为综合地理残差，用于订正推算模型，消除小地形影响以及观测资料代表性不足的问题。

二、气候区划指标的确定

1. 无霜期

无霜期的长度决定葡萄能否正常种植和成熟。若无霜期过短，春天的终霜会使葡萄芽遭受冻害，影响挂果；秋季初霜则影响葡萄成熟、营养积累和安全越冬。

酿酒葡萄正常生长需要 150d 以上的无霜期，晚熟品种对无霜期的要求则更长。结合宁夏的实际情况，由于春季葡萄萌芽期抗冻能力弱，嫩梢和幼叶在 −1℃ 条件下就开始受冻，0℃ 时花序受冻，且气温高于近地面温度，故以 2℃ 为临界温度，将春天最后一次出现 2℃ 的日期与秋天第一次出现 2℃ 的日期之间的时间作为无霜期。

2. ≥10℃ 活动积温

酿酒葡萄是喜温植物，其生长对热量有较高的需求，≥10℃ 活动积温往往成为推断某葡萄品种在某地区能否进行经济栽培的关键性指标。

研究中一般以 ≥10℃ 活动积温 2 500℃ 作为葡萄栽培的最低界限，也有学者对此提出质疑，认为 ≥10℃ 活动积温 2 500℃ 无法满足酿酒葡萄对较高的含糖量和适当的酸度积累的积温需求，并提出在我国北方地区，酿酒葡萄适栽区域的积温界限应提高至 2 800℃。随着酿酒葡萄产业的不断发展，品种越来越多，同时，由于葡萄酒种类的细化，对酿酒葡萄类型的需求也不断增强，需要重点考虑的是在气温日较差大的地区，积温具有增效的特点。气温日较差大的地区主要表现为白天日照充足，太阳辐射强，气温高，有利于植物进行光合作用，从而制造和积累较多的营养物质；而在夜间，气温越低，植物的呼吸作用就越弱，能量消耗也就越少，有利于糖分的贮存。

3. 干燥度

酿酒葡萄在生长过程中喜光耐旱，适合在相对干燥的气候下生长。干燥度可以间接反映一个地区酿酒葡萄生长环境的干湿状况，以此来衡量该地区降水量对葡萄需水量的满足程度。

综合运用文献法、田间试验法、实地调查法等方法，确定 ≥ 10℃ 活动积温、无霜期、90% 保证率下的干燥度为产区气候区划指标。

三、气候区划结果

根据宁夏酿酒葡萄生长所需要的气候条件，以 90% 保证率下的干燥度（表 2-1）为气候划分区一级指标，结合宁夏贺兰山东麓产区的酿酒葡萄对气候资源利用实际，将宁夏酿酒葡萄种植区划分为干旱气候区、干旱半干旱气候区和半干旱半湿润气候区 3 个气候区（图 2-17）。其中，干旱半干旱区由干旱气候和半干旱气候两个气候类型交叉组成；半干旱半湿润区由半干旱气候和半湿润气候两个气候类型交叉组成。

表 2-1 气候类型及划分指标

气候类型	干燥度
干旱气候	> 2.5
半干旱气候	1.5 ～ 2.5
半湿润气候	< 1.5

（1）干旱气候区。干旱气候区主要包括石嘴山市平罗县、惠农区、大武口区，银川市贺兰县、西夏区、金凤区、兴庆区、永宁县以及灵武市西部，吴忠市青铜峡市。

（2）干旱半干旱气候区。干旱半干旱气候区主要包括中卫市中宁县、沙坡头区和海原县北部。

（3）半干旱半湿润气候区。半干旱半湿润气候区主要包括银川市灵武市大部，吴忠市同心县西部沿清水河流域 4 个乡（镇），吴忠市利通区、红寺堡区、盐池县、同心县清水河流域东部地区。

四、气候小区划分

在上述 3 个气候区的基础上，采用集优法，以 ≥ 10℃ 活动积温和无霜期作为二级指

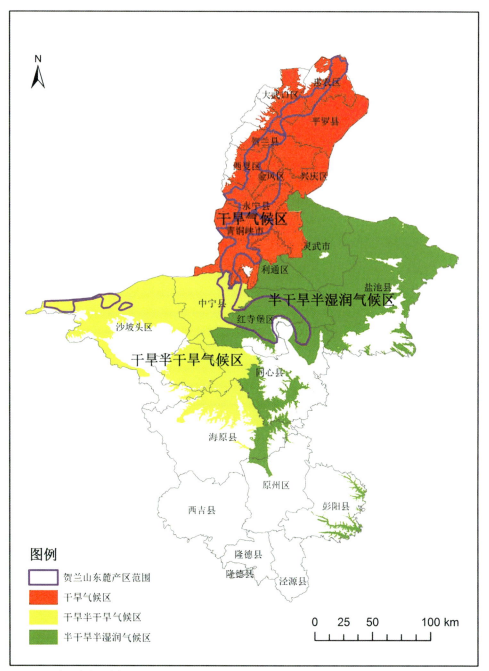

图 2-17　宁夏气候区划

标，进行小气候区划分。除宁夏南部山区和沿山高海拔地区属于寒区，不适宜酿酒葡萄种植外，进一步将宁夏酿酒葡萄种植区划分为干旱暖温区、半干旱温区、半干旱凉爽区、半干旱冷凉区、半湿润冷凉区 5 个小气候区（表 2-2，图 2-18）。

表 2-2　宁夏酿酒葡萄气候小区划分指标

小区	干燥度	≥10℃活动积温（℃·d）	无霜期（d）
干旱暖温区	≥2.5	≥3 640	>160
半干旱温区	1.5～2.5	≥3 640	>160
半干旱凉爽区	1.5～2.5	3 100～3 640	>160
半干旱冷凉区	1.5～2.5	2 800～3 100	150～160
半湿润冷凉区	1.0～1.5	2 800～3 100	150～160

1. 干旱暖温区

干旱暖温区以银川平原为主，该气候区大部地区干燥度≥2.5，≥10℃活动积温≥3 640℃，无霜期>160d。产区范围内惠农区南部、平罗县、贺兰县、西夏区、永宁县、青铜峡市等大部属于该气候区。

2. 半干旱温区

半干旱温区以卫宁平原为主，该区大部地区干燥度为1.5～2.5，≥10℃活动积温≥3 640℃，无霜期>160d。产区范围内中宁县、沙坡头区部分地区属于该气候区。

3. 半干旱凉爽区

半干旱凉爽区分布较为分散，该区大部地区干燥度为1.5～2.5，≥10℃活动积温3 100～3 640℃，无霜期>160d。产区范围内贺兰山沿山高海拔区、红寺堡区、中宁县、沙坡头区部分地区属于该气候区。

4. 半干旱冷凉区

半干旱冷凉区集中分布在灵盐台地、环罗山、沙坡头区南部等地区，该区大部地区干燥度为1.5～2.5，≥10℃活动积温2 800～3 100℃，无霜期150～160d。产区范围内贺兰山高海拔区域、沙坡头区、红寺堡区、同心县部分地区属于该气候区。

5. 半湿润冷凉区

主要集中在盐池县南部、同心县西部、海原县东部、彭阳县东部河谷区域，该区干燥度为1.0～1.5，≥10℃活动积温大部分为2 800～3 100℃，无霜期150～160d。目前产区范围内没有该气候区分布。

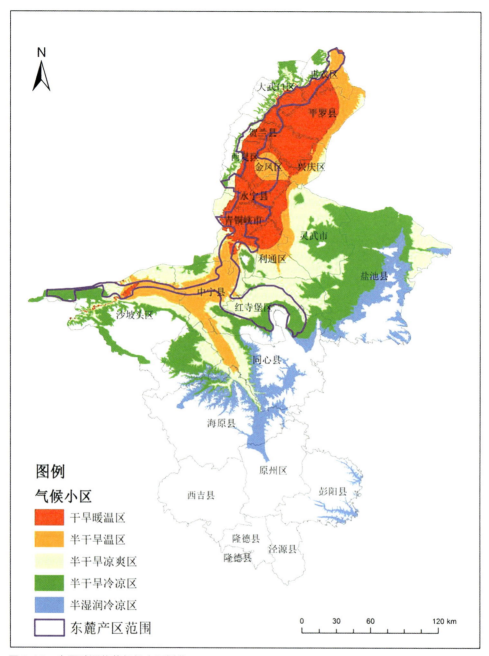

图例

气候小区

- 干旱暖温区
- 半干旱温区
- 半干旱凉爽区
- 半干旱冷凉区
- 半湿润冷凉区
- 东麓产区范围

0   30   60   120 km

图 2-18　宁夏酿酒葡萄气候小区划分

第三章
产区土壤区划

第一节　土壤成因

贺兰山地处鄂尔多斯西缘裂陷带，在华北陆块结晶基底（变质岩与花岗岩类构成）基础上，于中元古代（距今 16 亿～ 10 亿年）开始了海盆、陆盆与山体的转换以及盖层沉积。中元古代，沉积了滨海环境下的石英砂岩和浅海陆棚环境下的镁质碳酸盐与碳酸盐岩；新元古代早期（距今 10 亿～ 5.4 亿年），板块运动挤压致使贺兰山海盆地褶皱隆起，形成山脉；早古生代（距今 5.70 亿～ 4.09 亿年），海侵使贺兰山被海水淹没，变为海洋，之后海退，沉积了含磷碎屑岩和潟湖相碳酸盐岩；二叠纪晚期（距今 2.99 亿～ 2.50 亿年），贺兰山由浅滨海盆地转变为陆地，开始了贺兰山陆相盆地－山演化过程。

贺兰山岩石以黑云母斜长花岗岩、黑云母富斜花岗岩为主，主要由斜长石、石英、钾长石、黑云母等矿物组成。

在贺兰山东麓山体的演化过程中，形成了冲洪积台地、山前洪积斜平原和冲洪积平原等地形。冲洪积台地分布于东南部的山前边缘地带，由洪积物和冲洪积物组成，海拔高度为 1 110 ～ 1 200 m，地面破碎。山前洪积斜平原由洪积层组成，近南北方向呈带状展布于贺兰山东麓，伴随着盆地中心间歇性升降，在山前形成了由洪积扇裙组成的斜平原。洪积扇主要由洪积物组成，海拔高度为 1 095 ～ 1 400m，扇面坡降为 1% ～ 3%，洪积扇前缘的洪积物颗粒变细，洪积扇上散布着浅平的洪水沟道。冲洪积平原西邻山前洪积斜平原，东与冲积平原相连，呈南北带状分布，东西宽 5 ～ 15km，由第四系冲洪积物组成，海拔高度为 1 100 ～ 1 150m，自西向东倾斜（图 3-1）。

受成土母质、气候、生物、地形、时间等多种因素的影响，贺兰山山体风化形成的岩石和薄层土壤，在重力、风力和水力的共同作用下被搬运，自西向东呈扇形分布，形成了现阶段的土壤。这种土壤石砾大小各异、土层厚度不同、类型有别、土石层次分布也不一致，它就是贺兰山东麓酿酒葡萄种植开发前的原貌土壤。

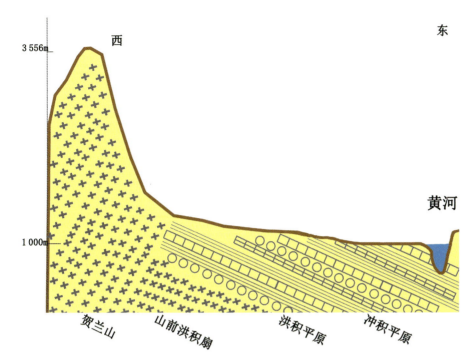

图 3-1　贺兰山东麓断面示意

第二节　土壤特点

　　贺兰山东麓酿酒葡萄产区的土壤类型多样,其中,灰钙土的分布最为广泛。该产区的土壤条件优劣并存。

　　产区内沙石比例合理,经过人为混合改良后,土壤的持水能力和透气性好,pH 高。适度的碱性环境有助于提高葡萄抗性,丰富的石灰性土壤钙镁含量丰富,土壤成土母质中的钾含量也比较高。

　　过粗的土壤质地、过多的沙石、过大的容重、极低的土壤有机质、不稳定的土壤结构等问题会导致水肥流失严重和营养供应不足。在 pH>8.3 的强碱性土壤中,营养元素特别是微量元素极易被固定,这会降低养分的有效性。虽然表层土地地力贫瘠,但通透性好,深层土壤中的氮、磷、钾、钙、镁以及微量元素含量相对较高。部分区域在 35 ～ 55cm 土层分布着紧实的钙积层，严重影响酿酒葡萄根系的深扎和空间分布。

一、土壤物理性质

该区域的耕作层以通气孔隙和毛管孔隙为主，而在钙积层分布区，非活性孔隙数量较多。破除钙积层能够促进葡萄根区的空气交换，从而改善葡萄的生长环境。

土壤的保水能力较差，且多为上沙下黏的类型。酿酒葡萄的主要根区分布在 20 ～ 60cm 土层内。为了改善土壤结构，可以采用深沟浅栽、客土回填、秸秆与有机肥还田等措施，以降低土壤容重，调节孔隙及通气性。通过开深沟深施有机肥，可以改善根区土壤的理化性质，引导葡萄根系向下扎，维持葡萄根区土壤总孔隙度为 50% ～ 60%，通气孔隙度为 15% ～ 20%。

灰钙土与风沙土持水能力弱，表层土壤沙化严重，沙粒含量高，质地多为沙壤，黏粒含量低，容重大。

灌淤土和灰漠土粉粒和黏粒含量高，质地多为中壤，容重相对较低，土壤持水能力强。

贺兰山东麓土壤的物理特点对葡萄的生长和品质有显著影响。沙性土壤通气性好，有利于根系的呼吸和营养吸收，但保水能力差，需通过合理的灌溉和施肥措施进行调节。灰钙土和风沙土的沙质特点可以促进葡萄根系深扎，增强葡萄的抗旱性和营养吸收能力，但也要求更多的水分管理。灌淤土和灰漠土则有良好的保水性，有助于在干旱条件下保持适宜的土壤湿度。通过科学管理和优化土壤结构，可以充分发挥贺兰山东麓土壤的优势，提高葡萄的生长质量和酿酒品质。

二、土壤化学性质

受成土母质的影响，贺兰山东麓产区土壤钾含量较高，表层土壤中有效钾含量较高，显著高于次表层和底层，从而提高葡萄酒的品质。

土壤中钙和镁含量丰富，极大地推动了优质酿酒葡萄原料的生产，有利于葡萄根系的发育和葡萄果实硬度与质量的提升，但强碱性的土壤环境会抑制葡萄对其他重要营养元素的吸收。

该区域的土壤属于石灰性土壤，pH>8.3，最高可达 9.3，呈强碱性。这会抑制葡萄根系对磷、钙、镁、铁、锰、铜、锌、硼等营养元素的有效吸收。高 pH 限制了葡萄对多种微量元素的吸收，可能导致缺铁、缺锌、缺硼等微量元素缺乏症，影响葡萄植株的健康和果实的品质。

土壤全盐含量维持在 0.3‰ 左右，以硫酸盐和氯化物为主，不足以对酿酒葡萄的正常生长造成危害。

土壤有机质含量低，结构不良，保水保肥能力差，大部分低于土壤质量等级的最低级别，且随着土壤深度的增加而降低，需要加大有机培肥和深施肥的力度，改善土壤结构，增强土壤肥力。

土壤含氮量较低，基本处于土壤肥力等级的最低水平，土壤氮素矿化与土壤供氮能力非常弱。氮素矿化量平均只占全氮的 3.1%。土壤氮含量会随种植年限的增加有所提升，但整体偏低，需要根据目标产量适量补充氮肥。

土壤含磷量整体偏低，碱性环境下，磷的固定现象严重，有效性低，不利于根系发育和物质代谢，影响葡萄植株的生长和果实的形成，需要根据酿酒葡萄对磷的需求规律，通过科学施肥来满足葡萄生长关键期对磷的需求。

土壤中部分微量元素含量较高，但有效性较差，水溶性微量元素含量普遍偏低，其中有效锌和有效铁最为缺乏。虽然锰的含量相对较高，但也不足我国土壤平均值的 1/3，土壤有效态铁、铜、锌含量则远远低于我国平均水平。因此，需要通过从外部补充微量元素，来改善葡萄的营养状况，进而促进葡萄健康生长。

三、土壤生物学性质

土壤有机质含量偏低，影响土壤的整体肥力和结构。土壤水分含量较低，影响微生物的代谢效率，且微生物在代谢过程中需要消耗更多的碳源以维持其活性。然而，低含水量的土壤环境会抑制部分土传病原菌繁殖，降低根腐病基础发生率，且本土微生物种群具有耐旱特性，具备功能激活潜力。此外，沙质土壤占比高，自然孔隙结构有利于微生物活动，通过投入有机物料，可以显著改善土壤的生物学性质。

1. 调理土壤

有机物料能够有效改善土壤结构，激活土壤中微生物的活性。

2. 促进酶活性

有机物料的添加有助于促进土壤中酶活性的提高，从而提高土壤的生物活性。

3. 改善通透性

有机物料的添加可以有效克服土壤板结的问题，增强土壤的通透性，减少水分的流失与蒸发，减轻干旱压力。

4. 增强保肥性

有机物料能够增强土壤的保肥性，减少化肥的使用和盐碱危害，提高土壤的肥力，确保葡萄的营养供给，实现优质稳产。

5. 增强抗病性和抗逆性

通过改善土壤环境，有机物料能够增强葡萄的抗病性和抗逆性。

第三节　土壤类型

贺兰山东麓产区的土壤以典型灰钙土和淡灰钙土为主，同时也涵盖了风沙土、黄绵土、灰漠土、灌淤土、新积土、粗骨土等（图3-2）。

一、典型灰钙土

（1）分布范围。典型灰钙土分布面积广，多与其他类型土壤交替存在，主要分布于贺兰山沿山一带及宁夏中部地区，包括石嘴山市、银川市、吴忠市和中卫市。其中，含砾石的典型灰钙土主要分布在北至石嘴山市北武当庙，沿110国道向南途经金山林场、镇北堡葡萄小镇、银巴线两侧、闽宁镇以及青铜峡鸽子山等地，在红寺堡盐兴公路以南至罗山大部分区域，这种含砾石的典型灰钙土还与淡灰钙土交错分布。

（2）成土母质。主要为洪积母质和黄土母质，是在温带荒漠草原植被和黄土母质条件下形成的具有弱发育钙积层的土壤。表层呈浅灰黄色，次表层有不明显钙积层分布。

（3）土壤特点。含砾石的典型灰钙土有效土层薄，表土下有深厚的洪积砾石层，颗粒大小不等，越靠近山前砾石越大，通透性好，有机质和养分含量低。典型灰钙土为浅棕黄色，块状或弱块状结构，土层深厚，次表层有钙积层发育，经灌溉后钙积层呈石膏状，壤质，有机质和养分含量低。土层薄的区域通常富含砾石，土层厚的区域在35～55cm分

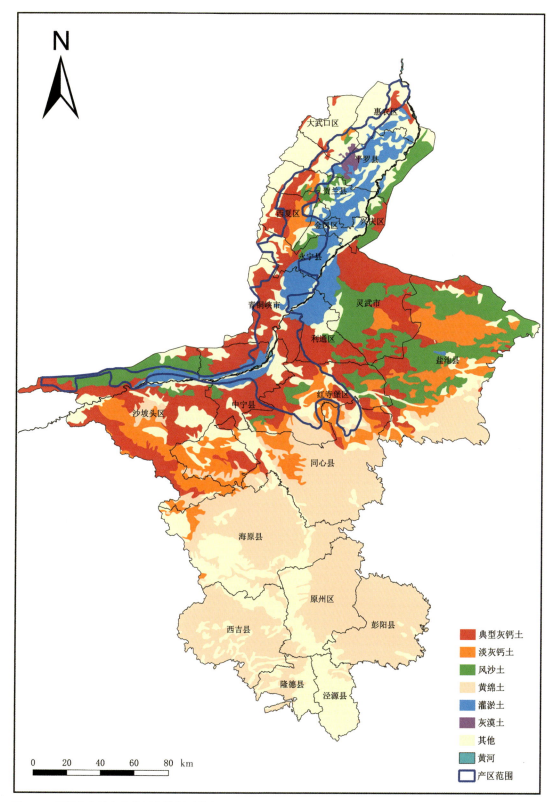

図 3-2 贺兰山东麓产区典型土壤类型分布

N

典型灰钙土
淡灰钙土
风沙土
黄绵土
灌淤土
灰漠土
其他
黄河
产区范围

0 20 40 60 80 km

大武口区
惠农区
平罗县
贺兰县
西夏区
金凤区
兴庆区
永宁县
青铜峡市
灵武市
利通区
盐池县
中宁县
沙坡头区
红寺堡区
同心县
海原县
原州区
西吉县
彭阳县
隆德县
泾源县

布碳酸钙、石膏等混合钙积层。土层厚度 0.2～2m，地下水埋深 >5m，无种植障碍，pH 为 8.1～8.8，全盐含量为 0.1‰～0.5‰，有机质含量为 0.1%～1.0%（图 3-3）。

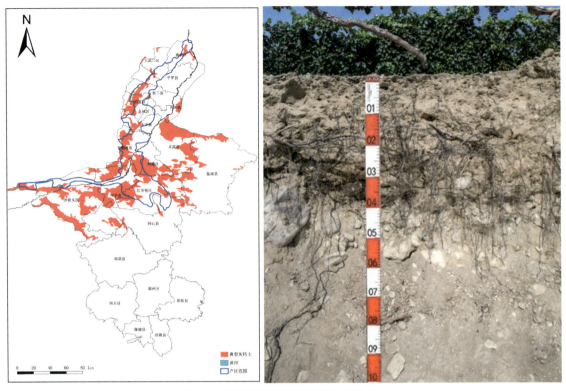

图 3-3 典型灰钙土分布区域及土壤剖面

（4）土壤利用建议。贺兰山沿山一带土层较薄，且存在沙石和土壤分层分布现象，建议开 1.0～1.2m 深沟，破除钙积层，扰动土壤与砾石，将破除钙积层后的土壤均匀铺在定植沟内。土层较薄的区域需要打破沙石与土壤的分界层，集中更多的土壤于定植沟内，增加土层厚度（混合土层厚度 ≥ 60cm），形成定植沟内的土沙混合新土壤。改良后预期混合土层达到 1m，地下水埋深 >5m，pH 为 8.1～8.6，全盐含量 <0.3‰，连续改良 4 年后定植沟内有机质含量达到 1.2%。

二、淡灰钙土

（1）分布范围。插花分布在贺兰山沿山一带及宁夏中部地区，包括石嘴山市、银川市、吴忠市和中卫市。淡灰钙土分布范围广，多与其他类型土壤交替存在。主要分布在黄羊滩、莲湖、渠口农场以及红寺堡区定武高速两侧，与典型灰钙土交错存在。

（2）成土母质。主要为洪积母质和黄土母质，是在温带荒漠草原植被和黄土母质条件下形成的具有强发育钙积层的土壤。表层呈浅灰黄色，次表层有明显钙积层分布。

（3）土壤特点。淡灰钙土在宁夏分布广泛，颜色为灰白色，土层较厚，土层厚度为0.2～3m。表层土沙化，次表层有坚硬的钙积层，底土为洪积砾石，质地较粗，通透性好。有机质和养分含量低，沙壤质，贺兰山沿山一带含砾石。

在45～65cm土层分布着明显的钙积层，地下水埋深>5m，无种植障碍，pH为8.1～8.8，全盐含量为0.2‰～2‰，有机质含量为0.2%～0.5%（图3-4）。

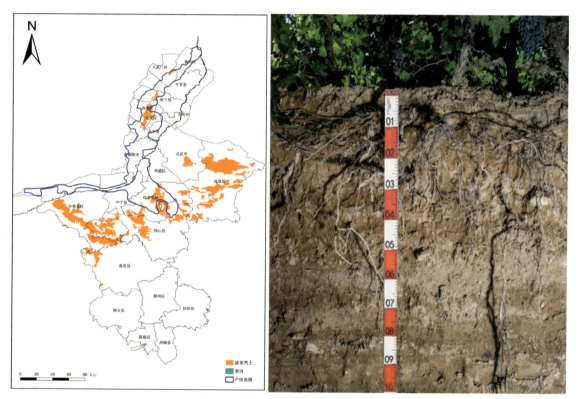

图3-4　淡灰钙土分布区域及土壤剖面

（4）土壤利用建议。贺兰山沿山北部土层较薄区域，建议开1.2m深沟，通过开沟，打破沙石与土壤的分界层，将砾石和土壤充分混匀。

贺兰山沿山南部土层较厚区域，建议开1.2m深沟，以破除钙积层，扰动土壤与钙积层，形成定植沟内的土沙混合新土壤。

改良后预期混合土层达到1.2m，地下水埋深>5m，pH为8.1～8.6，全盐含量<0.5‰，连续改良4年后定植沟内有机质含量达到1.5%。

三、黄绵土

（1）分布范围。在产区内主要分布在红寺堡区以及同心县韦州镇、下马关镇等地。

（2）成土母质。主要为第四纪风成黄土母质，是一种幼年土壤，土体疏松、软绵，土色浅淡，与淡灰钙土、灰钙土交错存在。

（3）土壤特点。壤质，黄土层深厚疏松，具有良好的通透性和保水保肥性；抗冲性弱，在缺少植被覆盖的情况下，易遭受水蚀和风蚀；富含碳酸钙。

土层厚度 >3m，地下水埋深 >5m，无种植障碍，pH 为 8.0 ～ 8.7，全盐含量为 0.1‰～ 1‰，有机质含量 <0.5%（图 3-5）。

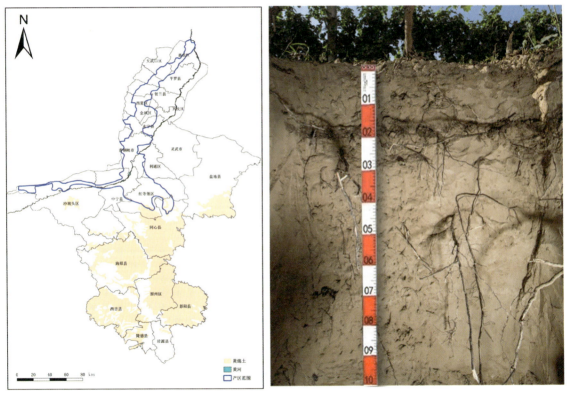

图 3-5　黄绵土分布区域及土壤剖面

（4）土壤利用建议。开 1.2m 深沟，构建疏松定植沟。在夹杂红黏土的区域，将黄绵土与红黏土剥离分开后，回填黄绵土进定植沟，将红黏土堆放至定植沟外。

改良后预期混合土层厚度达到 1.2m，地下水埋深 >5m，pH 为 8.0 ～ 8.6，全盐含

量 <0.3‰，4 年后定植沟内有机质含量达到 1.5%。

四、风沙土

（1）分布范围。主要分布区域是农垦玉泉营农场、广夏葡萄一基地和三基地、金沙林场以及腾格里沙漠边缘。

（2）成土母质。主要为风成沙性的风积母质，颜色为浅灰黄色，原始地貌多为半固定及流动沙丘。

（3）土壤特点。风沙土质地粗，多为沙质，细沙粒占土壤矿质部分重量的 80%～90%，粗沙粒、粉沙粒及黏粒的含量甚微。经过机械平整后，土层厚，通透性好，有机质和养分含量低。土壤表层多为干沙层，厚度不一，通常为 10～20cm。

土层厚度 >1m，地下水埋深 >3m，无种植障碍，pH 为 8.3～9.1，全盐含量为 0.2‰～1.5‰，有机质含量 <0.2%（图 3-6）。

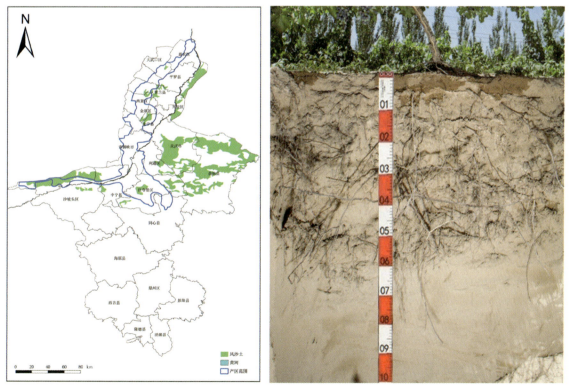

图 3-6　风沙土分布区域及土壤剖面

（4）土壤利用建议。开 1.2m 深沟，将表层黄沙与下层清沙混合，形成定植沟内的混合新土壤。

改良后预期混合土层厚度达到 1.2m，地下水埋深 >3m，pH 为 8.1 ～ 8.8，全盐含量 <0.4‰，4 年后定植沟内有机质含量达到 1%。

五、灌淤土

（1）分布范围。在产区内主要分布在金凤区、永宁县、青铜峡市、中宁县以及沙坡头区。

（2）成土母质。在黄土母质基础上发育形成的冲积母质，灌淤层发育显著。

（3）土壤特点。灌淤土是一种人为形成的土壤，经过黄河水长期灌溉淤积形成，土层深厚，质地中壤，浅灰棕色，块状或团粒结构。

土层厚度 >3m，地下水埋深 1 ～ 4m，pH 为 8.2 ～ 9.2，全盐含量为 0.5‰～ 3‰，有机质含量 >1%（图 3-7）。

（4）土壤利用建议。地下水埋深 >1.5m、全盐含量 <1.5% 的区域可以开 1m 深沟，

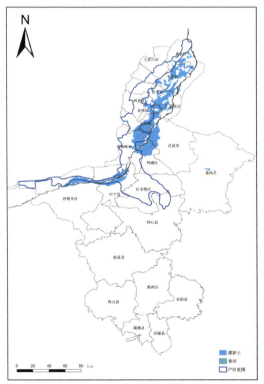

图 3-7　灌淤土分布区域及土壤剖面

将表层与灌淤层混合，构建新的疏松土体。西干渠以东、黄河以西地下水埋深 <1.5m、全盐含量 >1.5‰的区域不建议种植。

改良后预期混合土层厚度达到 1.2m，地下水埋深 >1.8m，pH 为 8.1 ～ 8.7，全盐含量 <1.0‰，4 年后定植沟内有机质含量达到 2%。

六、灰漠土

（1）分布范围。灰漠土分布区域较小，在产区内只有大武口区和平罗县有少量分布，地势相对平坦。

（2）成土母质。在黄土状母质上发育而成，以洪积母质为主，呈浅灰色，地表有不规则裂纹，属干旱土壤，次表层含砾石，再向下有碳酸钙、石膏和盐分聚集。

（3）土壤特点。以沙壤和中壤为主，粉粒含量偏高，沙粒次之，黏粒最少。

土层厚度通常 >1.2m，地下水埋深 >3m，无种植障碍，pH 为 8.1 ～ 9.1，全盐含量为 0.2‰～ 0.7‰，有机质含量为 0.54% ～ 1.3%（图 3-8）。

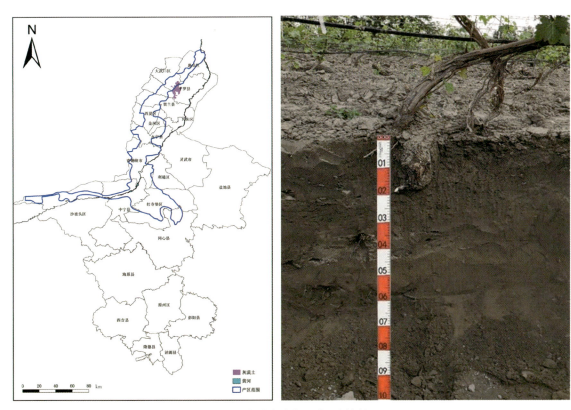

图 3-8　灰漠土分布区域及土壤剖面

（4）土壤利用建议。开 1.2m 深沟，扰动表层熟土与下层生土，形成定植沟内的土沙混合新土壤。

改良后预期混合土层厚度达到 1m，地下水埋深 >3m，pH 为 8.1～8.8，全盐含量 < 0.4‰，连续改良 4 年后定植沟内有机质含量达到 1%～2%。

第四节　土壤区划

气候条件对葡萄的糖酸平衡、风味和香味物质的丰富程度具有决定性作用，对葡萄酒最终质量具有决定性作用，而土壤条件对葡萄酒品质也很重要，葡萄酒高雅且典型的特色是特殊土壤条件赋予的。

一、土壤区划指标的确定

（1）土壤类型指标。宁夏酿酒葡萄产区土壤分为灰钙土、灌淤土、风沙土等类型，其中，以灰钙土面积最大，石灰性土壤中钙、钾含量丰富，土层厚，土中多砾石，透气性好。

（2）土壤物理指标。土壤质地能显著影响酿酒葡萄的根系生长和品质，在一定范围内，沙粒含量越高，果实中可溶性固形物、总酚和单宁含量越高，可滴定酸含量则越低。土壤通气性和排水性直接影响葡萄果粒大小和果穗松散度。果穗越松散，受光效果就越好，花色苷含量越高；果粒越小，花色苷的累积量就越高。

本区划以土壤沙石含量 > 40% 作为影响某葡萄品种能否良好生长并获得较高品质的关键性指标。

（3）土壤化学指标。有机质包含了植物生长所需的众多营养元素，如大量元素氮、磷、钾，以及中量、微量元素。土壤有机质能够维持和改善土壤的物理性状，包括容重、孔隙度及其分布、保水能力等，同时能为微生物提供碳源（能源），提高土壤生物活性和土壤养分有效性。因此，土壤有机质是保障土壤肥力的根本，也是保障贺兰山东麓葡萄高产稳产的关键。本区划以有机质含量 1%～2% 作为影响某葡萄品种能否良好生长并获得较高品质的关键性指标。

高 pH 明显抑制酿酒葡萄各项生长发育指标，还会使产量和总糖含量等指标变差。贺兰山东麓的土壤普遍呈强碱性，主要是由于环境中丰富的 CO_3^{2-}、HCO_3^- 以及相关盐分的自毒性造成的。此外，高 pH 会使金属营养元素的有效供给呈几何级数降低，进一步抑制葡萄生长。因此，本区划以土壤 pH 8.2～9.2 作为影响某葡萄品种能否良好生长并获得较高品质的关键性指标。

（4）土壤障碍指标。葡萄不耐盐，在贺兰山东麓选择建园地址时必须避开容易发生次生盐渍化的区域。因此，本区划以土壤盐分含量 <0.1% 作为贺兰山东麓葡萄生长的障碍指标。

二、土壤区划过程及结果

采用野外调查及室内分析方法，对宁夏主要葡萄种植区内的 1 000 余个土壤样品进行质地、有机质含量、pH 和盐分含量的测定分析。结合 AcrGIS 平台，利用普通克全格（Ordinary Kriging）插值法确定贺兰山东麓产区关键土壤因子的空间分布情况。依据产区土壤类型以及各因子的关键阈值来确定不同区域。

宁夏贺兰山东麓
葡萄酒风土区划与生产技术指南

第四章
小产区划分

收集气候数据和土壤样本，分析气候和土壤的差异，根据分析结果进行区域划分。第一级为宁夏贺兰山东麓酿酒葡萄产区；第二级为子产区（7 个）；第三级为小产区（22 个）。

按照县级行政区域，将宁夏贺兰山东麓酿酒葡萄产区划分为石嘴山子产区、贺兰子产区、西夏子产区、永宁子产区、青铜峡子产区、红寺堡子产区、卫宁子产区 7 个子产区。

综合气候类型（温度、降水量、日照时数等）、土壤类型（以灰钙土为主要评价土类）及关键土壤指标（沙石含量、有机质含量、pH、盐分含量），同时考虑产区管理、行政区划，将宁夏贺兰山东麓 7 个子产区进一步划分为 22 个小产区，分别为龙泉小产区、崇岗小产区、罗家园小产区、金山小产区、金鑫小产区、镇北堡小产区、富宁小产区、芦花台小产区、三关口小产区、闽宁小产区、玉泉营小产区、金沙小产区、甘城子小产区、鸽子山小产区、广武小产区、盛家墩小产区、慈善道小产区、鲁家窑小产区、肖家窑小产区、韦州小产区、太阳梁小产区、沙坡头小产区（图 4-1、图 4-2）。

第一节　石嘴山子产区

将大武口子产区、惠农子产区及平罗子产区合并为石嘴山子产区进行说明。

该子产区划分为 3 个小产区：龙泉小产区、崇岗小产区、罗家园小产区。

一、龙泉小产区

龙泉小产区区划如图 4-3 所示。

酿酒葡萄种植情况：现有种植面积 0.3 万亩。

海拔高度：大部分为 1 100 ～ 1 200m，东部小部分 <1 100m。

主要酒庄：贺东庄园。

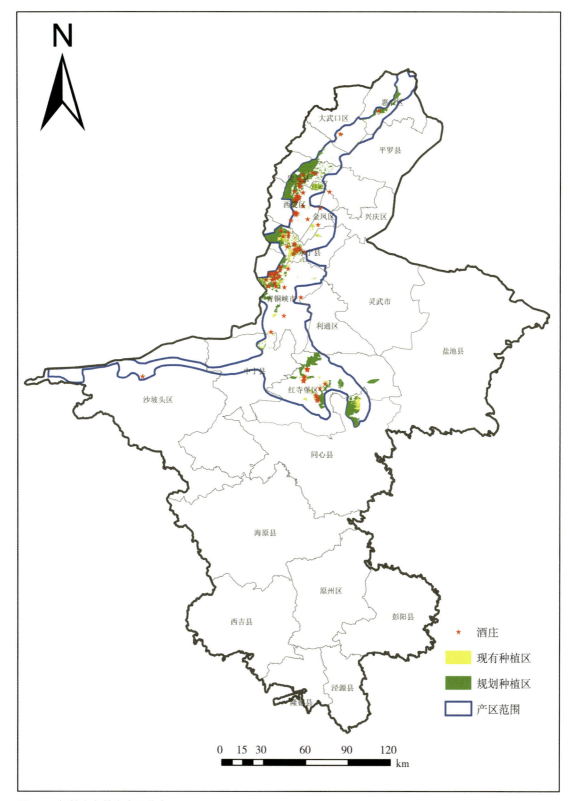

图 4-1 贺兰山东麓小产区分布

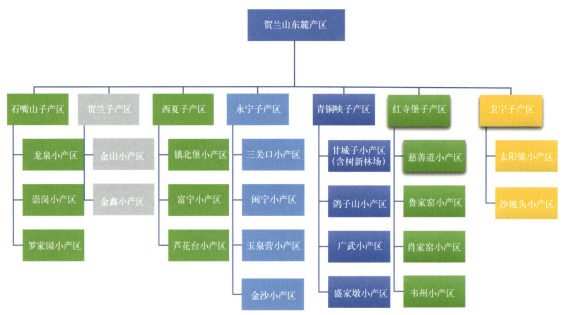

图 4-2　贺兰山东麓产区

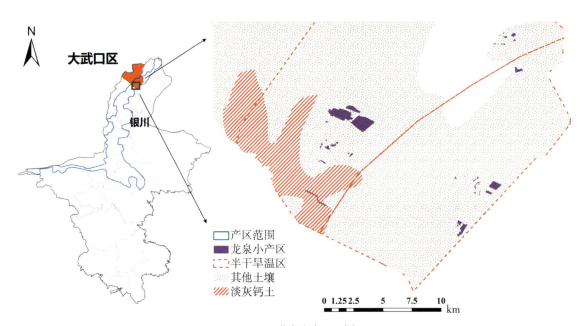

图 4-3　龙泉小产区区划

气候特点：日照充足，干旱少雨，昼夜温差大，大风较多。年日照时数 2 840h，年平均气温 10.1℃，≥10℃活动积温在 3 800℃以上，无霜期 165d，气温日较差 13.6℃，年降水量 168mm，干燥度 4.19，最冷月（1 月）平均气温 −7.4℃，最热月（7 月）平均气温 25.0℃，收获前（9 月）降水量 25.4mm。产区处于晚霜冻和连阴雨灾害低风险区；大部分处于越冬冻害中风险至高风险区；北部处于冰雹路径上；处于大风灾害中风险区，西北沿山区域处于高风险区。

土壤特点：灰漠土、典型灰钙土，含砾石，土层较厚，有机质含量 0.2% ～ 1%，山前洪积母质，pH 8.2 ～ 8.8。

主要推荐品种如表 4-1 所示。

表 4-1　龙泉小产区主要品种推荐表

品种		推荐星级
白色品种	霞多丽	★★★★
	贵人香	★★★
红色品种	赤霞珠	★★★★★
	小味儿多	★★★★★
	美乐	★★★★
	马尔贝克	★★★★
	品丽珠	★★★★

二、崇岗小产区

崇岗小产区区划如图 4-4 所示。

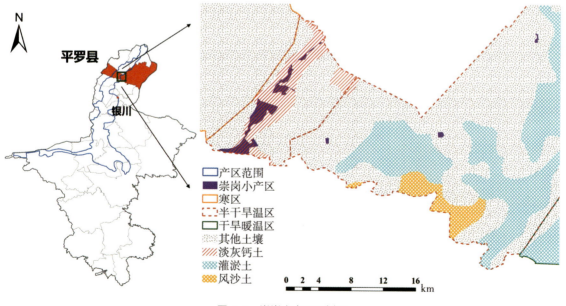

图 4-4　崇岗小产区区划图

酿酒葡萄种植情况：现有种植面积 0.2 万亩。

海拔高度：接近 1 100m。

气候特点：日照充足，干旱少雨，昼夜温差大，大风较多。年日照时数 2 901 ～ 2 933h，年平均气温 10.0℃，≥ 10℃活动积温 3 730 ～ 3 750℃，无霜期 167d，气温日较差 13.3℃，年降水量 155 ～ 163mm，干燥度 4.2，最冷月（1 月）平均气温 -7.4℃，最热月（7 月）平均气温 25.0℃，收获前（9 月）降水量 24.0mm。产区处于晚霜冻和连阴雨灾害低风险区、越冬冻害中风险区；中部处于冰雹路径上；产区处于大风灾害中风险区。

土壤特点：典型灰钙土、新积土，富含砾石，土层极薄，有机质含量 0.1%，山前洪积母质，pH 8.4 ～ 9.0。

主要推荐品种如表 4-2 所示。

表 4-2 崇岗小产区主要品种推荐表

品种		推荐星级
白色品种	霞多丽	★★★★
	贵人香	★★★
红色品种	赤霞珠	★★★★★
	马瑟兰	★★★★
	马尔贝克	★★★★
	品丽珠	★★★★

三、罗家园小产区

罗家园小产区区划如图 4-5 所示。

酿酒葡萄种植情况：现有种植面积 0.3 万亩。

海拔高度：大部分为 1 100 ～ 1 200m，北段小部分为 1 200 ～ 1 300m。

主要酒庄：西御王泉、玖禧酩庄。

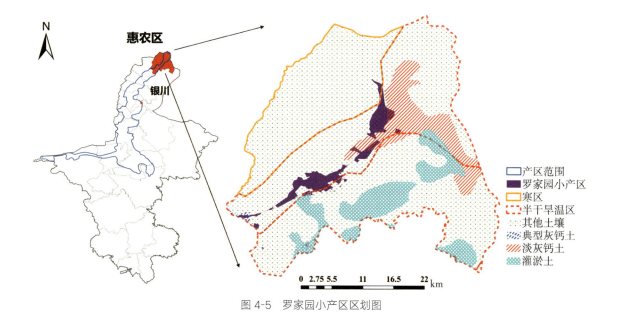

图 4-5　罗家园小产区区划图

气候特点：日照充足，干旱少雨，昼夜温差大，大风较多。年日照时数 2 929h，年平均气温 9.5℃，≥10℃活动积温 3 615℃·d，无霜期 161d，气温日较差 13.2℃，年降水量 178mm，干燥度 4.0，最冷月（1 月）平均气温 −7.8℃，最热月（7 月）平均气温 24.4℃，收获前（9 月）降水量 25.2mm。产区处于晚霜冻和连阴雨灾害低风险区；处于越冬冻害中风险区，沿山存在高越冬冻害风险；南端处于冰雹路径上；处于大风灾害中风险至极高风险区，从北到南大风灾害风险逐步降低。

土壤特点：淡灰钙土、新积土，富含砾石，土层极薄，有机质含量 0.1%～0.2%，山前洪积母质，pH 8.1～8.7。

主要推荐品种如表 4-3 所示。

表 4-3　罗家园小产区主要品种推荐表

品种		推荐星级
白色品种	霞多丽	★★★★
	贵人香	★★★
红色品种	赤霞珠	★★★★★
	小味儿多	★★★★
	马尔贝克	★★★★
	品丽珠	★★★★

第二节　贺兰子产区

贺兰子产区划分为 2 个小产区：金山小产区、金鑫小产区（图 4-6）。

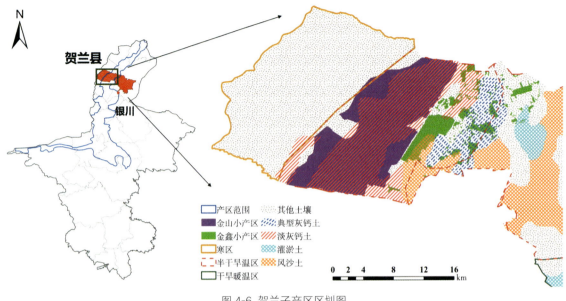

图 4-6 贺兰子产区区划图

一、金山小产区

酿酒葡萄种植情况：现有种植面积 3.7 万亩。

海拔高度：从东到西海拔高度差异较大，最低 1 130m 左右，西部有部分地区超过 1 300m。

主要酒庄：嘉地酒园、银色高地酒庄、沃尔丰酒庄、莱恩堡酒庄、贺金樽酒庄、原歌酒庄、仁益源酒庄、夏木酒庄、观兰酒庄、亦浓酒庄、旭域金山酒庄、麓哲菲酒庄、宝土酒庄、海悦仁和酒庄等。

气候特点：日照充足，热量丰富，干旱少雨，昼夜温差大。年日照时数 2 910～2 917h，年平均气温 9.5～9.9℃，≥10℃活动积温 3 576～3 700℃，无霜期 166～169d，气温日较差 12.9℃，年降水量 161～169mm，干燥度 4.1，最冷月（1 月）平均气温 −7.3℃，最热月（7 月）平均气温 24.2℃，收获前（9 月）降水量 23.0 mm。产区处于晚霜冻低风险区，沿山小范围存在晚霜冻中风险区；处于越冬冻害中风险区；处于连阴雨灾害低风险区；中部处于冰雹路径上；处于大风灾害中风险区，西北沿山区域处于高风险区；易受洪涝威胁。

土壤特点：典型灰钙土、淡灰钙土，富含砾石，石块粒径大，土层较薄，土层和砾石层随机分层分布，有机质含量 0.1%～0.3%，山前洪积母质，pH 8.3～8.8。

主要推荐品种如表 4-4 所示。

表 4-4　金山小产区主要品种推荐表

品种		推荐星级
白色品种	霞多丽	★★★★
	白玉霓	★★★★
红色品种	赤霞珠	★★★★★
	小味儿多	★★★★★
	马瑟兰	★★★★
	马尔贝克	★★★★
	美乐	★★★★

二、金鑫小产区

酿酒葡萄种植情况：现有种植面积 0.7 万亩。

海拔高度：大部分为 1 110～1 130m。

主要酒庄：塞北乐奇、圆润酒庄、金元酒庄、农垦暖泉酒庄等。

气候特点：日照充足，热量丰富，干旱少雨，昼夜温差大。年日照时数 2 914～2 927h，年平均气温 9.9℃，≥10℃活动积温 3 697～3 708℃，无霜期 169d，气温日较差 13.0℃，年降水量 160mm，干燥度 4.1，最冷月（1 月）平均气温 −7.2℃，最热月（7 月）平均气温 24.5℃，收获前（9 月）降水量 23.0 mm。产区处于晚霜冻和连阴雨灾害低风险区；北部处于越冬冻害中风险区，南部处于越冬冻害低风险区；西南小部分位于冰雹源地，南部处于冰雹路径上；大部分处于大风灾害中风险区，东南部处于低风险区。

土壤特点：风沙土、典型灰钙土、灌淤土，表层有风积沙，土层较厚，有机质含量 0.2%～1.5%，风积母质、洪积母质、冲积母质，pH 8.5～9.3。

主要推荐品种如表 4-5 所示。

表 4-5 金鑫小产区主要品种推荐表

品种		推荐星级
白色品种	霞多丽	★★★★
	白玉霓	★★★★
红色品种	赤霞珠	★★★★★
	马瑟兰	★★★★
	马尔贝克	★★★★
	美乐	★★★★
	小味儿多	★★★★

第三节 西夏子产区

西夏子产区划分为 3 个小产区：镇北堡小产区、富宁小产区、芦花台小产区（图 4-7）。

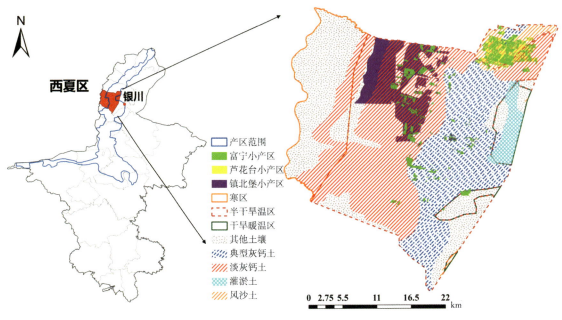

图 4-7 西夏子产区区划

一、镇北堡小产区

酿酒葡萄种植情况：现有种植面积 4.3 万亩。

海拔高度：东部 1 100～1 200m，西部大部分 1 200～1 300m，最西部小范围超过 1 300m。

主要酒庄：志辉源石酒庄、美贺庄园、铖铖酒庄、君祥酒庄、蒲尚酒庄、宝实酒庄、兰一酒庄、贺兰亭酒庄、东麓缘酒庄、贺兰珍堡酒庄、和誉新秦中酒庄、钟灵毓秀酒庄、新牛酒庄、木兰朵酒庄、海香苑酒庄、蓝赛酒庄、兰贝酒庄、欣恒酒庄、嘉麓酒庄等。

气候特点：日照充足，热量丰富，干旱少雨。年日照时数 2 898～2 916h，年平均气温 9.9℃，≥10℃活动积温 3 653～3 697℃，无霜期 170d，气温日较差 12.9℃，年降水量 162～168mm，干燥度 4.1，最冷月（1 月）平均气温 −7.1℃，最热月（7 月）平均气温 24.3℃，收获前（9 月）降水量 22.8～23.5mm。产区处于晚霜冻和连阴雨灾害低风险区；大部分处于越冬冻害低风险区，西部存在越冬冻害中风险区；西部位于冰雹源地，南部和北部都在冰雹路径上；西部处于大风灾害中风险区，东部处于大风灾害低风险区；西部易受贺兰山山洪威胁。

土壤特点：典型灰钙土、淡灰钙土，富含砾石，石块粒径大，土层极薄，土层和砾石层随机分层分布，有机质含量 0.1%～0.2%，山前洪积母质，pH 8.3～9.0。

主要推荐品种如表 4-6 所示。

表 4-6　镇北堡小产区主要品种推荐表

品种		推荐星级
白色品种	霞多丽	★★★★
	贵人香	★★★
红色品种	赤霞珠	★★★★★
	马瑟兰	★★★★
	小味儿多	★★★★
	美乐	★★★★
	西拉	★★★

二、富宁小产区

酿酒葡萄种植情况：现有种植面积 1.2 万亩。

海拔高度：大部分为 1 110 ～ 1 140m。

主要酒庄：张裕龙谕酒庄、金弗兰酒庄、博纳佰馥酒庄、贺兰晴雪酒庄、迦南美地酒庄、九月兰山酒庄、米擒酒庄、留世酒庄、开福酒庄等。

气候特点：日照充足，热量丰富，干旱少雨，昼夜温差大。年日照时数 2 846 ～ 2 913h，年平均气温 10.0℃，≥ 10℃活动积温 3 665 ～ 3 711℃·d，无霜期 169 ～ 172d，气温日较差 12.8℃，年降水量 167 ～ 178mm，干燥度 4.0，最冷月（1 月）平均气温 −6.9℃，最热月（7 月）平均气温 24.3℃，收获前（9 月）降水量 23.9 ～ 25.7mm。产区处于晚霜冻、越冬冻害和连阴雨灾害低风险区；南部和北部都在冰雹路径上；处于大风灾害低风险区。

土壤特点：淡灰钙土，部分靠近贺兰山区域含有砾石，土层厚度适中，有机质含量 0.2% ～ 1%，洪积冲积母质，pH 8.3 ～ 9.0。

主要推荐品种如表 4-7 所示。

表 4-7 富宁小产区主要品种推荐表

品种		推荐星级
白色品种	霞多丽	★★★★
	贵人香	★★★
红色品种	赤霞珠	★★★★★
	马瑟兰	★★★★
	小味儿多	★★★★
	紫大夫	★★★

三、芦花台小产区

酿酒葡萄种植情况：现有种植面积 0.6 万亩。

海拔高度：大部分为 1 110m 左右。

气候特点：日照充足，热量丰富，干旱少雨，昼夜温差大。年日照时数 2 930 ～ 2 945h，年平均气温 9.5 ～ 9.9℃，≥ 10℃活动积温 3 610 ～ 3 615℃，无霜期 224d 左右，气温日较差 12.9℃，年降水量 161 ～ 166mm，干燥度 4.0，最冷月（1月）平均气温 -7.1℃，最热月（7月）平均气温 24.5℃，收获前（9月）降水量 25.0mm。产区处于晚霜冻、越冬冻害、连阴雨、大风等灾害低风险区，远离冰雹路径和洪涝威胁区。

土壤特点：灌淤土、潮土，土层深厚，质地较细，地下水位高，有机质含量 1.5%，冲积母质，pH 8.5 ～ 9.2。

主要推荐品种如表 4-8 所示。

表 4-8　芦花台小产区主要品种推荐表

品种		推荐星级
白色品种	霞多丽	★★★★
	长相思	★★★★
	贵人香	★★★
红色品种	品丽珠	★★★★★
	赤霞珠	★★★★
	马瑟兰	★★★★
	马尔贝克	★★★★

第四节　永宁子产区

永宁子产区划分为 4 个小产区：三关口小产区、闽宁小产区、玉泉营小产区、金沙小产区（图 4-8）。

一、三关口小产区

酿酒葡萄种植情况：现有种植面积 12.2 万亩。

海拔高度：东部 1 100 ～ 1 200m，西部大部分为 1 200 ～ 1 300m，最西部小范围超过 1 300m。

主要酒庄：长城天赋酒庄、贺兰神酒庄等。

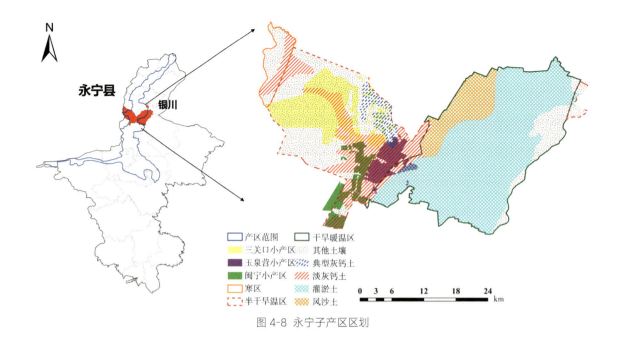

图 4-8 永宁子产区区划

气候特点：日照充足，热量丰富，干旱少雨，大风天数多。年日照时数 2 916 ～ 2 931h，年平均气温 9.6℃，≥ 10℃活动积温 3 531 ～ 3 585℃，无霜期 167d，气温日较差 12.8℃，年降水量 178 ～ 182mm，干燥度 4.0，最冷月（1 月）平均气温 −6.9℃，最热月（7 月）平均气温 23.8℃，收获前（9 月）降水量 24.6 ～ 24.7mm。产区处于晚霜冻低风险区，西部沿山存在晚霜冻中风险区；大部分处于越冬冻害低风险区，西部存在越冬冻害中风险区；连阴雨灾害风险低；西部位于冰雹源地，南部和北部都在冰雹路径上；西部处于大风灾害中风险区，东部大风灾害风险低。

土壤特点：典型灰钙土、淡灰钙土，富含砾石，石块粒径大，土层极薄，土层和砾石层随机分层分布，有机质含量 0.1%，坡积母质、山前洪积母质，pH 8.3 ～ 8.8。土层中碎石子多，不保温，过冬难。

主要推荐品种如表 4-9 所示。

表 4-9　三关口小产区主要品种推荐表

品种		推荐星级
白色品种	霞多丽	★★★★
	贵人香	★★★★
红色品种	赤霞珠	★★★★★

品种		推荐星级
	小味儿多	★★★★★
	马尔贝克	★★★★
	品丽珠	★★★★
	紫大夫	★★★

二、闽宁小产区

酿酒葡萄种植情况：现有种植面积 1.8 万亩。

海拔高度：1 100 ～ 1 200m。

主要酒庄：立兰酒庄、贺兰红酒庄等。

气候特点：日照充足，热量丰富，干旱少雨。年日照时数 2 956h，年平均气温 9.95℃，≥ 10℃活动积温 3 647℃，无霜期 168d，气温日较差 12.9℃，年降水量 174mm，干燥度 4.0，最冷月（1 月）平均气温 –6.7℃，最热月（7 月）平均气温 24.1℃，收获前（9 月）降水量 25.0mm。产区处于晚霜冻、越冬冻害和连阴雨灾害低风险区；北部处于冰雹路径上；处于大风灾害低风险区。

土壤特点：淡灰钙土，部分靠近贺兰山区域含有砾石，土层厚度适中，钙积层明显，土层和砾石层随机分层分布，有机质含量 0.1% ～ 0.2%，山前洪积母质，pH 8.2 ～ 8.8。

主要推荐品种如表 4-10 所示。

表 4-10　闽宁小产区主要品种推荐表

品种		推荐星级
白色品种	霞多丽	★★★★
	贵人香	★★★
红色品种	赤霞珠	★★★★★
	品丽珠	★★★★
	马尔贝克	★★★★
	紫大夫	★★★

三、玉泉营小产区

酿酒葡萄种植情况：现有种植面积 4.8 万亩。

海拔高度：大部分为 1 140m 左右。

主要酒庄：西夏王酒业、酩悦轩尼诗夏桐酒庄、保乐力加酒庄、新慧彬酒庄、长和翡翠酒庄、类人首酒庄、兰轩酒庄、兰山骄子酒庄、法塞特酒庄、玉泉国际酒庄、巴格斯酒庄、鹤泉酒庄、阳阳国际酒庄等。

气候特点：日照充足，热量丰富，干旱少雨，大风天数多。年日照时数 2 948～2 971h，年平均气温 10.1℃，≥10℃ 活动积温 3 676～3 684℃，无霜期 169d，气温日较差13.0℃，年降水量 175～179mm，干燥度 4.0，最冷月（1 月）平均气温 −6.6℃，最热月（7月）平均气温 24.2℃，收获前（9 月）降水量 26.0mm。产区处于晚霜冻、越冬冻害和连阴雨灾害低风险区；南部处于冰雹路径上；处于大风灾害低风险区。

土壤特点：以风沙土为主，局部有淡灰钙土，土层较厚，表层黄沙，次表层青沙，有机质含量 0.1%～0.2%，冲积母质、风积母质，pH 8.3～8.8。

主要推荐品种如表 4-11 所示。

表 4-11 玉泉营小产区主要品种推荐表

品种		推荐星级
白色品种	霞多丽	★★★★
	贵人香	★★★
红色品种	美乐	★★★★★
	品丽珠	★★★★★
	赤霞珠	★★★★
	马瑟兰	★★★★
	紫大夫	★★★

四、金沙小产区

金沙小产区区划如图 4-9 所示。

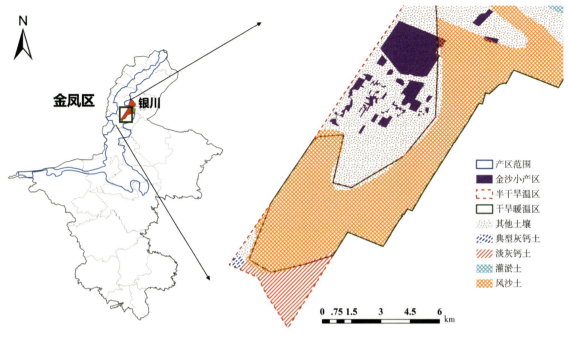

图 4-9　金沙小产区区划图

酿酒葡萄种植情况：现有种植面积 0.5 万亩。

海拔高度：大部分为 1 120m 左右。

主要酒庄：利思酒庄、源点酒庄、森淼·兰月谷酒庄。

气候特点：日照充足，热量丰富，干旱少雨，昼夜温差大。年日照时数 2 920～2 935h，年平均气温 9.5～9.9℃，≥10℃活动积温 3 585～3 593℃，无霜期 167 d 左右，气温日较差 12.9℃，年降水量 173～176mm，干燥度 3.9，最冷月（1 月）平均气温 −6.7℃，最热月（7 月）平均气温 24.3℃，收获前（9 月）降水量 26.0mm。产区晚霜冻、越冬冻害、连阴雨、大风等灾害风险低，不在冰雹路径上和洪涝威胁区。

土壤特点：以风沙土、典型灰钙土为主，山前洪积母质、冲击母质和风积母质，质地粗，多为沙质，砾石含量少，有明显钙积层分布，土层较厚，通透性好。有机质和养分含量低，有机质含量 0.1%～0.2%，pH 8.4～9.2，耕作层全盐含量 0.3‰～1.5‰。

主要推荐品种如表 4-12 所示。

表 4-12 金沙小产区主要品种推荐表

品种		推荐星级
白色品种	霞多丽	★★★★
	贵人香	★★★★
红色品种	品丽珠	★★★★★
	美乐	★★★★★
	赤霞珠	★★★★
	马尔贝克	★★★★

第五节　青铜峡子产区

青铜峡子产区划分为 4 个小产区：甘城子小产区（含树新林场）、鸽子山小产区、广武小产区、盛家墩小产区（图 4-10）。

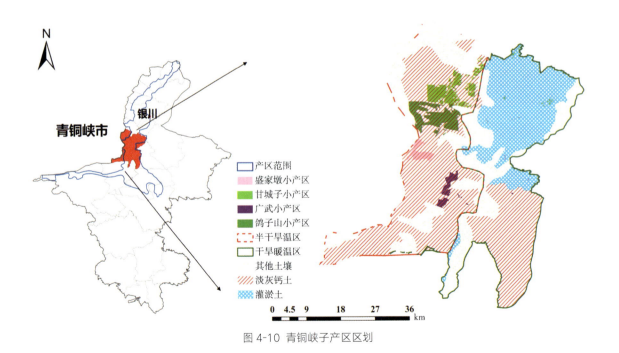

图 4-10 青铜峡子产区区划

一、甘城子小产区

酿酒葡萄种植情况：现有种植面积 10.5 万亩。

海拔高度：大部分为 1 100～1 200m，西部小范围超过 1 200m。

主要酒庄：美御酒庄、怡园酒庄、华昊酒庄、梦沙泉酒庄、容园美酒庄、禹皇酒庄、贺兰芳华酒庄、皇蔻酒庄、密登堡酒庄、丹麓酒庄、古城人家酒庄、雅岱酒庄、紫玉甘城酒庄、昊悦兰酒庄、甘城子酒庄、甘麓酒庄等。

气候特点：日照充足，热量适中，干旱少雨。年日照时数 2 990～3 012h，年平均气温 10.0℃，≥10℃活动积温 3 601～3 691℃，无霜期 168d，气温日较差 12.9℃，年降水量 173～179mm，干燥度 4.0，最冷月（1 月）平均气温 −6.4℃，最热月（7 月）平均气温 23.8～24.2℃，收获前（9 月）降水量 26.0mm。产区处于晚霜冻、越冬冻害和连阴雨灾害低风险区；南部处于冰雹路径上；处于大风灾害低风险区，西南沿山区域大风灾害风险中等。

土壤特点：典型灰钙土、淡灰钙土，富含砾石，石块粒径小，土层厚度适中，有明显钙积层，有机质含量 0.1%～0.3%，山前洪积母质，pH 8.1～8.7。

主要推荐品种如表 4-13 所示。

表 4-13　甘城子小产区主要品种推荐表

品种		推荐星级
白色品种	霞多丽	★★★★
	雷司令	★★★
红色品种	品丽珠	★★★★★
	赤霞珠	★★★★
	西拉	★★★★
	马瑟兰	★★★★
	马尔贝克	★★★★

二、鸽子山小产区

酿酒葡萄种植情况：现有种植面积 3.7 万亩。

海拔高度：东部为 1 100 ～ 1 200m，西部为 1 200 ～ 1 300m。

主要酒庄：西鸽酒庄、望月石酒庄、维加妮酒庄、青云酒庄等。

气候特点：日照充足，热量适中，干旱少雨，大风天数多。年日照时数 2 998 ～ 3 026h，年平均气温 10.1℃，≥ 10℃ 活动积温 3 619 ～ 3 690℃，无霜期 168d，气温日较差 13.0℃，年降水量 178 ～ 181mm，干燥度 4.0，最冷月（1 月）平均气温 −6.4 ～ −6.1℃，最热月（7 月）平均气温 23.8 ～ 24.1℃，收获前（9 月）降水量 26.0 ～ 26.9mm。产区处于晚霜冻、越冬冻害和连阴雨灾害低风险区；中部处于冰雹路径上。

土壤特点：典型灰钙土、淡灰钙土，含砾石，部分区域下层有红黏土，石块粒径小，土层厚度适中，有明显钙积层，钙积层下分布着红黏土层，有机质含量 0.1% ～ 0.2%，山前洪积母质，pH 8.3 ～ 9.2。

主要推荐品种如表 4-14 所示。

表 4-14　鸽子山小产区主要品种推荐表

品种		推荐星级
白色品种	霞多丽	★★★★
	雷司令	★★★
红色品种	马瑟兰	★★★★★
	赤霞珠	★★★★★
	马尔贝克	★★★★★
	西拉	★★★★
	美乐	★★★★

三、广武小产区

酿酒葡萄种植情况：现有种植面积 0.6 万亩。

海拔高度：大部分为 1 200 ～ 1 300m。

主要酒庄：金沙湾酒庄、大莫纳酒庄等。

气候特点：年日照时数 2 986 ～ 3 024h，年平均气温 9.7 ～ 10.3℃，≥ 10℃

活动积温 3 512 ～ 3 698℃，无霜期 166 ～ 169d，气温日较差 12.9℃，年降水量 182 ～ 196mm，干燥度 3.8 ～ 4.0，最冷月（1 月）平均气温 −6.5 ～ −6.0℃，最热月（7 月）平均气温 23.4 ～ 24.1℃，收获前（9 月）降水量 27.0 ～ 28.8mm。产区处于晚霜冻、越冬冻害和连阴雨灾害低风险区；东北小部分处于冰雹路径上；西部处于大风灾害中风险区，东部大风灾害风险低。

土壤特点：风沙土、淡灰钙土，砾石含量少，有明显钙积层分布，下层有红黏土，土层较厚，有机质含量 0.1%，山前洪积母质和风积母质，pH 8.5 ～ 9.2，耕作表层全盐含量 0.5‰～ 1‰，次表层盐分含量 1.5‰～ 3‰。

主要推荐品种如表 4-15 所示。

表 4-15 广武小产区主要品种推荐表

品种		推荐星级
白色品种	霞多丽	★★★★
	雷司令	★★★
红色品种	赤霞珠	★★★★★
	品丽珠	★★★★
	马瑟兰	★★★★
	马尔贝克	★★★★

四、盛家墩小产区

酿酒葡萄种植情况：现有种植面积 0.5 万亩。

海拔高度：南部为 1 100 ～ 1 200m，北部超过 1 200m。

气候特点：年日照时数 2 963 ～ 2 979h，年平均气温 9.5 ～ 9.7℃，≥ 10℃活动积温 3 478 ～ 3 544℃，无霜期 165d，气温日较差 12.8℃，年降水量 193 ～ 200mm，干燥度 3.8，最冷月（1 月）平均气温 −6.5℃，最热月（7 月）平均气温 23.4℃，收获前（9 月）降水量 27.6mm。产区处于晚霜冻、越冬冻害和连阴雨灾害低风险区；基本无冰雹风险；处于大风灾害中风险区。

土壤特点：淡灰钙土，含砾石，石块粒径小，土层厚度适中，表层有风沙覆盖，次表层有明显钙积层，下层分布着红黏土，有机质含量 0.1%～0.2%，山前洪积母质，pH 8.5～9.0。

主要推荐品种如表 4-16 所示。

表 4-16　盛家墩小产区主要品种推荐表

品种		推荐星级
白色品种	霞多丽	★★★★
	雷司令	★★★★
	贵人香	★★★
红色品种	品丽珠	★★★★★
	赤霞珠	★★★★
	马瑟兰	★★★★
	紫大夫	★★★★
	西拉	★★★★

第六节　红寺堡子产区

红寺堡子产区划分为 4 个小产区：慈善道小产区、鲁家窑小产区、肖家窑小产区、韦州小产区（图 4-11）。

一、慈善道小产区

气候特点：年日照时数 2 848～2 874h，年平均气温 9.0～9.5℃，≥10℃活动积温 3 300～3 379℃，无霜期 159～162d，气温日较差 12.4～12.9℃，年降水量 253～270mm，干燥度 3.0～3.2，最冷月（1 月）平均气温 −6.6℃，最热月（7 月）平均气温 22.7～23.1℃，收获前（9 月）降水量 36.5～38.1mm。产区北部处于晚霜冻低风险区，南部大部处于晚霜冻中风险区；处于越冬冻害低风险区和连阴雨灾害中风险区；中部处于冰雹路径上；处于大风灾害中风险区。

海拔高度：大部分为 1 360～1 440m。

土壤特点：淡灰钙土、黄绵土，砾石含量少，有明显钙积层分布，下层有红黏土，土

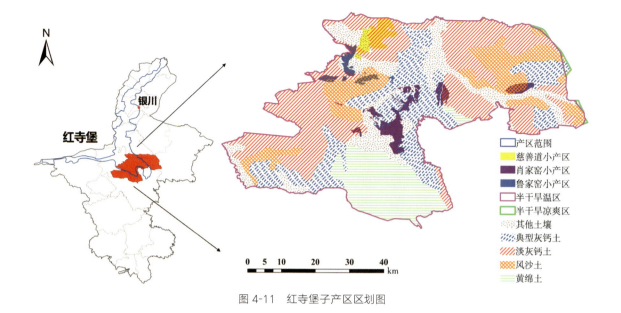

图 4-11　红寺堡子产区区划图

图例：
- 产区范围
- 慈善道小产区
- 肖家窑小产区
- 鲁家窑小产区
- 半干旱温区
- 半干旱凉爽区
- 其他土壤
- 典型灰钙土
- 淡灰钙土
- 风沙土
- 黄绵土

层较厚，有机质含量 0.1%～0.4%，山前洪积母质、黄土母质，pH 8.3～9.3，耕作表层全盐含量 0.5‰～1‰，次表层盐分含量 1.5‰～3‰。科学开发，合理避开障碍层。

主要推荐品种如表 4-17 所示。

表 4-17　慈善道小产区主要品种推荐表

品种		推荐星级
白色品种	霞多丽	★★★★★
	雷司令	★★★★
	贵人香	★★★★
红色品种	品丽珠	★★★★★
	美乐	★★★★★
	黑比诺	★★★★
	紫大夫	★★★★

二、鲁家窑小产区

酿酒葡萄种植情况：现有种植面积 4.6 万亩。

海拔高度：大部分超过 1 300m，最高接近 1 400m。

主要酒庄：红寺堡酒庄、罗山酒庄、汇达酒庄、诗裕酒庄、紫尚酒庄、康龙酒业、天得酒庄、臻麓酒庄、凯仕丽酒庄、卓德酒庄、中贺酒业、汉森酒庄等。

气候特点：日照充足，气候凉爽，降水较多，大风天数多。年日照时数 2 864 ～ 2 881h，年平均气温 9.2 ～ 9.6℃，≥ 10℃活动积温 3 373 ～ 3 470℃，无霜期 161 ～ 163d，气温日较差 12.6 ～ 12.8℃，年降水量 254 ～ 262mm，干燥度 3.1，最冷月（1 月）平均气温 −6.4℃，最热月（7 月）平均气温 22.9 ～ 23.3℃，收获前（9 月）降水量 37.3mm。产区处于晚霜冻低风险区，北部小部分区域存在中度晚霜冻风险；处于越冬冻害低风险区和连阴雨灾害中风险区；基本无冰雹风险；西部处于大风灾害高风险区，东部处于中风险区。

土壤特点：淡灰钙土、黄绵土，有明显钙积层，土层较厚，有机质含量 0.2% ～ 0.4%，洪积母质、黄土母质，pH8.3 ～ 8.8。

主要推荐品种如表 4-18 所示。

表 4-18　鲁家窑小产区主要品种推荐表

品种		推荐星级
白色品种	霞多丽	★★★★★
	雷司令	★★★★
	贵人香	★★★★
红色品种	品丽珠	★★★★★
	美乐	★★★★★
	赤霞珠	★★★★
	紫大夫	★★★★

三、肖家窑小产区

酿酒葡萄种植情况：现有种植面积 6.7 万亩。

海拔高度：大部分超过 1 400m。

主要酒庄：森兰酒庄、明雨酒庄、兴宇酒庄、江源酒庄、东方裕兴酒庄、罗兰酒庄、昱豪酒庄等。

气候特点：日照充足，气候凉爽，降水较多，大风天数多。年日照时数 2 828 ～ 2 866h，年平均气温 8.9 ～ 9.5℃，≥ 10℃活动积温 3 272 ～ 3 422℃，无霜期 158 ～ 162d，气温日较差 12.4 ～ 12.8℃，年降水量 264 ～ 288mm，干燥度 2.6 ～ 3.0，最冷月（1 月）平均气温 −6.6 ～ −6.4℃，最热月（7 月）平均气温 22.5 ～ 23.1℃，收获前（9 月）降水量 38.4 ～ 40.6mm。沿山区域处于晚霜冻和越冬冻害中风险区，东北部处于晚霜冻和越冬冻害低风险区；处于连阴雨灾害中风险区；中南部整体处于冰雹源地和激发区内，向东南方向产生 3 条冰雹路径；处于大风灾害高风险区。

土壤特点：典型灰钙土、淡灰钙土，富含砾石，石块粒径较小，有明显钙积层，土层厚度适中，有机质含量 0.1% ～ 0.2%，山前洪积母质，pH 8.2 ～ 8.6。红寺堡子产区的土壤持水能力都很强，年降水量在 300mm 以上。

主要推荐品种如表 4-19 所示。

表 4-19　肖家窑小产区主要品种推荐表

品种		推荐星级
白色品种	霞多丽	★★★★★
	雷司令	★★★★
	贵人香	★★★★
红色品种	品丽珠	★★★★★
	美乐	★★★★★
	黑比诺	★★★★
	紫大夫	★★★★

四、韦州小产区

酿酒葡萄种植情况：现有种植面积 2.6 万亩。

海拔高度：大部分超过 1 400m。

气候特点：光照充足，热量适宜，降水较多，多大风和冰雹。年日照时数 2 807 ～ 2 876 h，年平均气温 8.5 ～ 9.7℃，≥ 10℃活动积温 3 174 ～ 3 530℃，无霜期 153 ～ 160d，气温日较差 12.1 ～ 12.6℃，年降水量 263 ～ 314mm，干燥度 2.3 ～ 2.7，最冷月（1 月）平均气温 −6.6 ～ −6.4℃，最热月（7 月）平均气温 22.1 ～ 23.4℃，收获

前（9月）降水量 39.4～43.9mm。产区大部处于晚霜冻和越冬冻害低风险区，东部沿山区域处于晚霜冻和越冬冻害中风险区；处于连阴雨灾害中风险区；处于从肖家窑激发的两条冰雹路径上；整体处于大风灾害中风险区，西部沿山区域发生大风灾害风险极高。

土壤特点：淡灰钙土、黄绵土，表层含有少量砾石，钙积层不显著，土层深厚，有机质含量 0.2%～0.5%，洪积母质、黄土母质，pH 8.3～8.8。

主要推荐品种如表 4-20 所示。

表 4-20　韦州小产区主要品种推荐表

品种		推荐星级
白色品种	霞多丽	★★★★★
	雷司令	★★★★
	贵人香	★★★★
红色品种	品丽珠	★★★★★
	美乐	★★★★★
	黑比诺	★★★★
	紫大夫	★★★★

第七节　卫宁子产区

卫宁子产区划分为 2 个小产区：太阳梁小产区、沙坡头小产区。

一、太阳梁小产区

太阳梁小产区区划如图 4-12 所示。

酿酒葡萄种植情况：现有种植面积 0.1 万亩。

海拔高度：西部为 1 200～1 240m，东部为 1 160～1 200m。

气候特点：光照充足，热量丰富，昼夜温差大，灾害风险较高。年日照时数 2 954～2 976h，年平均气温 10.0～10.3℃，≥10℃ 活动积温 3 650～3 700℃，无霜期 167～169d，气温日较差 13.1℃，年降水量 195～204mm，干燥度 3.8，最冷月（1 月）平均气温 –6.3℃，最热月（7 月）平均气温 23.9～24.1℃，收获前（9 月）降水量

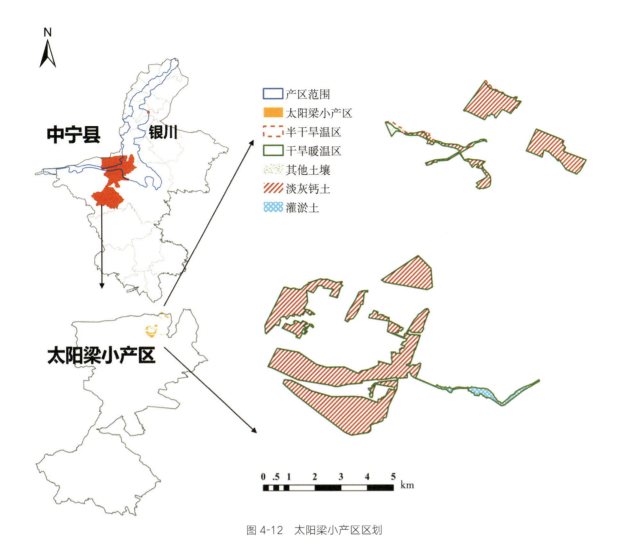

图例说明：
- 产区范围
- 太阳梁小产区
- 半干旱温区
- 干旱暖温区
- 其他土壤
- 淡灰钙土
- 灌淤土

中宁县　银川

太阳梁小产区

0 .5 1 2 3 4 5 km

图 4-12　太阳梁小产区区划

30.0mm。产区处于晚霜冻和越冬冻害中高风险区；处于连阴雨灾害低风险区；主要有冰雹风险；处于大风灾害中风险区。

土壤特点：典型灰钙土，土层较厚，钙积层特征不显著，下层有红黏土层，有机质含量 0.3%～0.6%，山前洪积母质，pH8.3～8.8，盐分含量较高。

主要推荐品种如表 4-21 所示。

表 4-21 太阳梁小产区主要品种推荐表

品种		推荐星级
白色品种	霞多丽	★★★★★
	贵人香	★★★★
红色品种	赤霞珠	★★★★★
	品丽珠	★★★★
	美乐	★★★★
	马瑟兰	★★★★

二、沙坡头小产区

沙坡头小产区区划如图 4-13 所示。

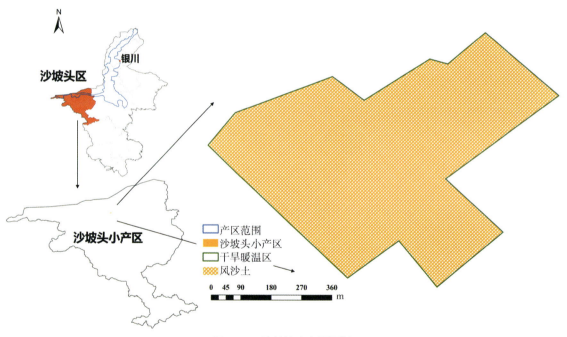

图 4-13 沙坡头小产区区划

酿酒葡萄种植情况：现有种植面积 0.2 万亩。

海拔高度：1 240m 左右。

主要酒庄：宁夏红酒庄、漠贝酒庄。

气候特点：日照充足，气候凉爽，干旱少雨，昼夜温差大，风沙多。年日照时数 2 973～3 001h，年平均气温 9.6～9.7℃，≥10℃活动积温 3 545～3 565℃，无霜期 164～165d，气温日较差 13.8℃，年降水量 192mm，干燥度 3.9，最冷月（1 月）平均气温 −6.9℃，最热月（7 月）平均气温 23.2℃，收获前（9 月）降水量 29.6mm。产区处于晚霜冻低风险区和越冬冻害中风险区；处于连阴雨灾害低风险区；处于冰雹路径上；处于大风灾害中风险区。

土壤特点：风沙土，土层较厚，持水能力弱，有机质含量 0.1%，风积母质，pH8.3～9.0。

主要推荐品种如表 4-22 所示。

表 4-22　沙坡头小产区主要品种推荐表

品种		推荐星级
白色品种	霞多丽	★★★★
	雷司令	★★★★
	贵人香	★★★
红色品种	赤霞珠	★★★★★
	蛇龙珠	★★★★
	品丽珠	★★★★
	美乐	★★★★

第五章
酿酒葡萄种植

第一节　建园规划设计

基地建设，规划先行。依据产区内气候、地形、土壤等特点，结合选择的品种特性和加工产品类型，对规划区域内的种植安排、品种布局、灌溉单元划分、道路防护林构建以及生产生活功能区设置等进行设计。

一、建园前准备

1. 气候资源调查

气温：活动积温、年均温度、极端最低温度、气温日较差等。

灾害：冬季冻害、春季晚霜冻、秋季早霜、暴雨、冰雹、大风、高温、连阴雨、洪涝等发生次数及频率等。

日照：日照时数、日照百分率等。

无霜期：初霜日、终霜日。

降水：年降水量、7—9月降水量、历史最大降水量等。

风：大风日数、年平均风速、主风向。

2. 地形和土壤勘查

海拔、地形类型（洪积扇、高阶台地、半固定沙丘、冲积平原、缓坡丘陵等）、坡度、坡向、距离山体（或水体）远近等。

成土母质、土壤类型、土质、土层厚度、地下水高度、障碍层（钙积层、胶泥层、青沙层、高盐土层等），多点开挖土壤剖面调查土壤层次结构及厚度；取样分析相关理化性质（pH、全盐含量、有机质含量、养分含量等）。

3. 原始植被类型

调查原始植被类型及植物生长情况。

4. 土地利用情况

了解土地开发种植历史、水源等情况。

二、基地选择的原则

气象：≥10℃活动积温＞2 500℃，无霜期＞150d。不宜在冰雹路径上、洪涝淹没区、风口建园。

园址：选择山麓的洪积扇、高阶台地、缓坡丘陵等建园，不宜在低洼、盐碱过重、土壤黏重、地下水位高、霜冻危害频率高、山洪危害区域建园。

土壤：选择灰漠土、粗骨土、典型灰钙土、淡灰钙土、风沙土、黄绵土等土壤类型建园。要求 pH<9、土壤全盐含量 <1.5‰、地下水位 >1.5m、透气性好。

三、规划的方法

在了解区域自然条件的前提下，实地考察，采集地理信息，多点调查土壤剖面，了解土层厚度、土壤质地和结构、有机质、地下水位等。

对生产、生活、加工等功能区及田间道路、防护林、灌溉系统、辅助设施等进行合理布局。

四、基地种植规划

种植小区：面积控制在 300～500 亩，南北行向种植。主干道宽 6m，作业路宽 4m，作业路与行向垂直。

种植设计：种植行距一般为 3.0～3.5m，根据选用的架形确定株距。倾斜龙干形一般采用 0.5～0.8m 的株距，亩种植 238～444 株；"厂"字形一般采用 0.8～1.5m 的株距，亩种植 121～278 株。田间南北端留 6～8m 的机械转弯作业道。

防护林：建设乔、灌、草相结合的疏透型防护林体系，避免霜冻和大风危害。主林带分布在主干路两侧，一般 3～5 行，3 行时配置 2 行乔木、1 行灌木，5 行时配置 3 行乔木、

2 行灌木。乔木如河北杨、新疆杨、银白杨等株行距为（1.5～2.5）m×3m；灌木如黄刺玫、柠条、紫穗槐等株行距为 1.0m×0.5m；沙地柏、月季等株行距为 0.5m×0.5m。

第二节　整地培肥

整地打点：采用北斗＋实时定位（RTK）等精准测量设备，标记定植行、防护林、道路及生产、生活、加工等功能区位置。

砾石区整地：按照"小平大不平"原则进行全园筛石，整地深度 1.2～1.5m，保持等高线一致的区域内地势平坦或坡度一致。作业路内的种植区域，筛除直径 8cm 以上砾石，砾石比例超过 50% 的应用客土补充。

非砾石区整地：土壤类型为灰钙土、风沙土、黄绵土的，可用推土机稍加平整，直接打点开挖定植沟。

开沟培肥：开宽 1m、深 1～1.2m 的定植沟。开沟时表土与底土应分放两侧，定植沟依次回填 20cm 粉碎的秸秆、60cm 有机肥与表土混合物（腐熟有机肥每亩不少于 15m^3），灌水沉实后留 20cm 左右浅沟，以实现浅沟定植。

第三节　品种特性及选择

一、品种介绍

1. 红色品种

（1）赤霞珠（Cabernet Sauvignon）。欧亚种，原产于法国，晚熟品种，丰产。在宁夏一般 4 月中旬萌芽，5 月底至 6 月初开花，8 月上旬开始着色，9 月底至 10 月上旬果实成熟，果实成熟需要 165d 左右。树体生长势中等偏旺，风土适应性强，耐瘠薄土壤。易感霜霉病、毛毡病。果穗小，圆锥形，平均穗重 140g 左右，果粒小，果皮厚，颜色深，果实含糖量高（可溶性固形物含量 21.9%～27.7%），酸度中等（可滴定酸含量 5.0～7.0g/L），有淡青草味。酿造的葡萄酒颜色深、香气浓郁、单宁丰富、结构感强（图 5-1）。

目前在我区引进的品系有赤霞珠 685、R5、ISV-FV5、15、33、170、578、169 等，其中种植面积最大的品系是赤霞珠 169。

图 5-1　赤霞珠叶片和果穗

（2）品丽珠（Cabernet Franc）。欧亚种，原产于法国，晚熟品种，产量中等。在宁夏一般 4 月上中旬萌芽，萌芽期比赤霞珠早一周左右，5 月下旬开花，8 月上旬开始着色，9 月下旬果实成熟，果实成熟需要 160d 左右。果穗中等大，圆锥形或圆柱形，平均穗重约 163g。果粒着生紧密，扁圆形，蓝黑色，平均单粒重 1.6g。果粉厚，可溶性固形物含量 21.5% ～ 28.6%，可滴定酸含量 5.8 ～ 6.9g/L。适合在石灰质黏土或排水条件好的沙质土上种植，抗病性中等。酿造的葡萄酒单宁含量比赤霞珠少，也更为细腻，颜色比较浅，有覆盆子、草莓、黑醋栗、巧克力和香料的味道（图 5-2）。

目前在我区引进的品系有品丽珠 327、214、VCR、215、623 等，其中种植面积最大的品系是品丽珠 215。

图 5-2　品丽珠叶片和果穗

（3）蛇龙珠（Cabernet Gernischt）。欧亚种，原产于法国。晚熟品种，比品丽珠、赤霞珠早熟，产量不稳。生长势强，果实成熟需要 155 ～ 160d，适应性强，耐干旱，耐瘠薄，适合在宁夏瘠薄的沙质土壤上种植。果穗较大，圆锥形，有副穗，平均穗重195g。果粒着生中等紧密，圆形，蓝黑色，平均粒重2.0g，可溶性固形物含量19.6%～24.2%，可滴定酸含量5.0～6.5g/L。进入丰产期后要适当控制负载量和氮肥的施用量，还要注意把握采收时机，使葡萄充分成熟以减少生青味。酿造的葡萄酒呈清亮的宝石红色，果香浓郁、协调，香气以黑醋栗果实香气为主，同时具有香料、松脂等气味，陈酿后香味更为馥郁（图5-3）。

图 5-3　蛇龙珠叶片和果穗

（4）美乐（Merlot）。别名梅鹿辄，欧亚种，原产于法国波尔多，中晚熟品种，产量中等。在宁夏一般4月下旬萌芽，6月上旬开花，7月下旬至8月初开始着色，9月中旬果实成熟，果实成熟需要150d左右。植株生长势中等，抗病性中等，适应性较强，需要精细管理肥水。果穗中等大，圆锥形或分支形，平均穗重167g。果粒着生中等紧密或松散，近圆形，蓝黑色，平均单粒重1.7g。果皮厚，肉多汁，可溶性固形物含量22.2%～24.6%，可滴定酸含量5.2～7.0g/L。酿造的葡萄酒具有李、樱桃的风味，口感较柔和，酸度较低，以圆润厚实为主，比较淡雅（图5-4）。

目前在我区引进的品系有美乐ISV-FV4、348、181、182、346、347等，其中种植面积最大的品系是美乐348、346。

（5）黑比诺（Pinot Noir）。别名黑品乐，欧亚种，原产于法国勃艮第。在宁夏一般4月上中旬萌芽，5月底至6月初开花，7月下旬开始着色，8月底至9月上旬果实成熟，果实成熟需要145d左右。果穗小，圆柱或圆锥形，有副穗，平均穗重131g。果粒着生极紧密，卵圆形，蓝黑色，平均粒重1.5g。果粉中厚，果皮薄，果肉多汁，可溶性固形物含

图 5-4 美乐叶片和果穗

量 19.0% ～ 24.5%，可滴定酸含量 6.4 ～ 7.7 g/L。植株生长势中等，产量较低。抗病性较弱，易感灰霉病，对土壤类型、排水性和空气温、湿度变化极为敏感。温度过高，果实会因成熟过快而缺乏风味物质；雨水过多，果实则容易染病腐烂。在排灌良好的土壤中以及较凉爽的气候条件下表现最好。酿造的葡萄酒具有浓郁的水果香，草莓、樱桃等浆果的风味突出，陈酿后，带有香料及皮革香味。酒颜色不深，适合久藏，是酿造起泡酒的主要品种之一（图 5-5）。

目前在我区引进的品系有黑比诺 459、115、667、215、623 等，其中种植面积最大的品系是黑比诺 459。

图 5-5 黑比诺叶片和果穗

（6）西拉（Syrah）。别名希拉，欧亚种，原产于伊朗，中晚熟品种，产量中等。西拉萌芽较晚，在宁夏一般 4 月下旬萌芽，5 月下旬至 6 月初开花，8 月初开始着色，9 月中下旬果实成熟，果实成熟需要 150d 左右。果穗较大，呈圆柱或圆锥形，带歧肩，有副穗，平均穗重 226g。果粒着生较紧密，椭圆形，蓝黑色，平均粒重 1.9g。果皮色素丰富，果肉有独特香气，可溶性固形物含量 24.0% ～ 27.4%，可滴定酸含量 5.6 ～ 7.8g/L。植株生长势较强。果穗紧凑，易感染灰霉病、酸腐病，在栽培时应注意及早防治。喜欢温暖、干燥的气候，以及富含砾石、通透性好的土壤。酿造的葡萄酒颜色深红，酒香浓郁且丰富多变，以紫罗兰花香和浆果香为主，陈酿后发展出胡椒香、焦油香及皮革香等成熟香。口感强劲，单宁含量丰富，抗氧化性强，非常适合陈酿（图 5-6）。

目前在我区引进的品系有西拉 100。

图 5-6　西拉叶片和果穗

（7）马瑟兰（Marselan）。欧亚种，由赤霞珠与歌海娜杂交育成，原产于法国，丰产。在宁夏一般 4 月中下旬萌芽，5 月下旬至 6 月初开花，7 月底开始着色，9 月下旬果实成熟，发育期 155 ～ 160d。植株生长势中等，极易成花结实，负载量过大不利于秋季枝条养分回流，极易出现枝蔓和根系冻害，霜霉病的发生率较高，不抗霜霉病。果穗较大，圆锥形，略松散，平均单穗重 186g。果粒较小，蓝黑色，短椭圆形，平均单粒重 1.2g。果粉厚，可溶性固形物含量 21.8% ～ 26.1%，可滴定酸含量 5.3 ～ 7.8g/L，出汁率较低。酿造的葡萄酒颜色深，具有浓郁的果香，荔枝、薄荷香气明显，单宁细腻，口感柔和（图 5-7）。

目前在我区引进的品系有马瑟兰 980 等。

图 5-7　马瑟兰叶片和果穗

（8）小味儿多（Petit Verdot）。别名魏天子，欧亚种，原产于法国，晚熟品种。在宁夏一般 4 月中下旬开始萌芽，5 月底至 6 月初开花，8 月上旬开始着色，9 月底至 10 月上旬果实成熟，果实成熟需 162d 左右。适应性强，抗病性较强，喜欢生长在沙砾土壤上及相对温暖的地区。果穗小，圆锥形，平均单穗重 137g。果粒着生中等紧密，蓝黑色，近圆形，平均单粒重 1.5g。果皮厚，可溶性固形物含量 23.58% ～ 25.2%，可滴定酸含量 8.3 ～ 8.8g/L，单宁含量高。植株生长势中强，萌芽率中。酿造的葡萄酒呈深宝石红色，颜色深如西拉酿造的葡萄酒，具有青草和香料的香气。单宁含量高，酸度高，香气馥郁，酒体丰满强劲，适宜陈酿（图 5-8）。

目前在我区引进的品系有小味儿多 1058。

图 5-8　小味儿多叶片和果穗

（9）紫大夫（Dunkelfelder）。欧亚种，原产于德国，中熟品种。在银川一般4月下旬萌芽，5月底至6月初开花，7月下旬开始着色，9月中旬果实成熟，果实成熟需145d左右。紫大夫适应性强，抗病性好，表现出良好丰产性，喜欢大肥大水栽培。果穗大，圆锥形，有副穗，平均单穗重357g。果粒着生中等紧密，蓝黑色，圆形，平均单粒重2.7g，整齐度良好。果粉厚，果皮较厚，果实糖酸含量较低，可溶性固形物含量19.1%～23.6%，可滴定酸含量4.8～6.2g/L，花青素含量高。果肉具较淡的草莓味、青草味等，质地柔软多汁。植株生长势强，叶片大，枝条粗壮。酿造的葡萄酒呈深宝石红色，香气浓郁，具有樱桃、草莓等红色浆果香及淡淡花香，单宁含量不高但很细腻，口感丝滑，酒体不重，风味较为清淡（图5-9）。

图5-9　紫大夫叶片和果穗

（10）佳美（Gamay）。欧亚种，原产于法国勃艮第，中熟品种。适应性较强，生长势中等，较丰产，抗病性中等，皮薄，雨水多年份易感灰霉病。在宁夏一般4月中旬萌芽，5月下旬开花，7月中下旬开始着色，9月上旬果实成熟，生长期140d左右。果穗小，短圆锥形，有副穗，平均穗重128g。果粒着生紧密，紫黑色，椭圆形，平均单粒重1.7g。果皮薄，果肉多汁，可溶性固形物含量20.6%～22.4%，可滴定酸含量5.8～7.6g/L。酿造的葡萄酒呈浅紫红色，单宁含量非常少，口感清淡，富含樱桃、草莓、覆盆子的香气，不宜久存（图5-10）。

（11）马尔贝克（Malbec）。别名马贝克，欧亚种，原产于法国，晚熟品种，丰产。在宁夏一般4月中下旬萌芽，5月下旬开花，7月中下旬开始着色，9月底至10月上旬果实成熟，生长期160d左右。生长势中等偏强，结果枝率92%。在石灰岩土壤上、温暖地区表现较好。果穗大，长圆锥形，有副穗，平均穗重231g。果粒着生紧密，蓝黑色，圆形，平均单粒重1.8g。果皮薄，颜色深，可溶性固形物含量23.2%～24.7%，可滴定酸

图 5-10　佳美叶片和果穗

含量约 5.7g/L。酿造的葡萄酒呈深宝石红色，类似西拉酿造的葡萄酒，带有浓郁的李、樱桃等水果的香气和香料味，单宁含量高，酒体厚重（图 5-11）。

目前在我区引进的品系有马尔贝克 598。

图 5-11　马尔贝克叶片和果穗

（12）歌海娜（Grenache Noire）。欧亚种，原产于西班牙，晚熟至极晚熟，丰产，抗寒性较弱。在宁夏一般 4 月底萌芽，6 月上中旬开花，9 月下旬至 10 月上旬果实成熟，生长期 163d 左右。果穗中等，圆锥形或分支形，有副穗，平均穗重 254 克。果粒着生中等紧密，紫黑色，近圆形，单果重 1.9g。果皮薄，果肉多汁，可溶性固形物含量 22.7% ～ 23.6%，可滴定酸含量 6.5 ～ 8.4g/L。植株生长势旺，结果枝率 94%。适合干旱、炎热、多风气候和排水性好的土壤。酿造的葡萄酒通常带有红色水果（草莓、覆盆子等）和香料（黑胡椒、甘草等）风味，陈酿后有太妃奶糖和皮革味。口感圆润丰厚，酒精度高，单宁含量较低（图 5-12）。

图 5-12　歌海娜叶片和果穗

　　（13）北红（Beihong）。欧山杂种，由中国科学院植物研究所用玫瑰香与山葡萄杂交选育，中晚熟，抗寒性强，较为丰产。在宁夏一般 4 月上中旬萌芽，5 月中旬开花，8 月上旬转色，9 月下旬成熟，生长期 150d 以上。果穗圆锥形，平均穗重 160g。果粒着生较紧，圆形，蓝黑色，平均粒重 1.6g。果皮厚，果肉软，有肉囊，含种子 2 ～ 4 粒。可溶性固形物含量 24.0% ～ 28.0%，可滴定酸含量 6.4 ～ 8.9g/L。树体生长势中等，对霜霉病具有一定的抗性，但对白粉病较为敏感。3 年生以内的幼树在宁夏需要埋土越冬，成龄树可以露地越冬。春季发芽较早，容易受到晚霜冻的危害，春季晚霜过后进行修剪。酿造的葡萄酒颜色很深，深宝石红色，香气以蓝莓、李、树莓等的果香为主，酸度较高，单宁强劲，适合做陈酿型干红葡萄酒（图 5-13）。

图 5-13　北红叶片和果穗

2. 白色品种

（1）霞多丽（Chardonnay）。别名莎当妮，欧亚种，原产于法国，产量低至中等。在宁夏一般4月中旬开始萌芽，5月底开花，8月底至9月上旬果实完全成熟，生长期140d左右。适应性强，抗病性较弱，易感白粉病、灰霉病。果穗小，平均穗重138g，圆锥形，带副穗和歧肩。果粒着生中等紧密或紧密，近圆形，绿黄色，平均单粒重1.5g。果皮薄，粗糙，果脐明显，可溶性固形物含量19.0%～22.5%，可滴定酸含量6.2～8.0g/L。生长势强，结果枝率66%。酿造的葡萄酒具有蜂蜜香、新鲜的奶油香和烤面包香，口感圆润，柔和爽口，经久存可变得更丰富醇厚。以酿造干白及气泡酒为主（图5-14）。

目前在我区引进的品系有霞多丽95、131、124等，其中种植面积较大的品系是霞多丽131。

图 5-14　霞多丽叶片和果穗

（2）雷司令（Riesling）。欧亚种，原产于德国，中熟品种，产量中等。在宁夏一般 4 月下旬萌芽，6 月上旬开花，9 月中旬果实成熟，生长期 145d 左右。抗病性弱，尤其易感灰霉病。适宜种植在钙质石灰岩和沙质、石英质土壤中，喜温凉气候，需要充足光照。果穗小，平均穗重 135g，圆柱形或圆锥形，带副穗，穗梗短。果粒着生紧密，单粒重 1.4g，圆形，黄绿色，果皮上有明显凸起的斑点。果皮薄，果肉多汁，可溶性固形物含量 19.1% ～ 23.7%，可滴定酸含量 5.3 ～ 7.7g/L。植株生长势中等，结果枝率 65%，每个结果枝平均有 1.8 个果穗。酿造的葡萄酒有蜂蜜、苹果、青柠及蜜桃的味道，浅金黄色微带绿色，味醇厚，酒体丰满，柔和爽口，高雅细腻，果香浓郁（图 5-15）。

目前在我区引进的品系有雷司令 49、237。

图 5-15　雷司令叶片和果穗

（3）贵人香（Italian Riesling）。别名意斯林，欧亚种，原产于意大利，丰产。植株生长势中等，结果枝率达 80% 以上，结实力强，每个结果枝平均有 2.3 个果穗，丰产性好。在宁夏一般 9 月中旬成熟。适应性强，对霜霉病和灰霉病有较好抗性。果穗小，圆柱形，果梗细长，平均穗重 140g。果粒着生紧密或极紧，近圆形，黄绿色，平均粒重 1.3g。果粉中等厚，皮薄，果肉多汁，可溶性固形物含量 23.6% 左右，可滴定酸含量 6.3 ～ 6.7g/L。酿造的葡萄酒呈禾秆黄色，澄清发亮，有悦人的果香和酒香，柔和爽口，丰满完整，酸涩恰当，回味深长，酒质上等。贵人香也可以酿造香槟酒、白兰地（图 5-16）。

图 5-16　贵人香叶片和果穗

（4）长相思（Sauvignon Blanc）。别名白索维浓，原产于法国。植株生长势中等偏强，结果枝率 62%，每个结果枝平均有 2 个果穗。在宁夏一般 4 月下旬萌芽，5 月底至 6 月上旬开花，9 月上旬成熟，生长期 140d 左右。适应性弱，不抗寒，抗病性弱，极易感病，适合在干旱少雨和温凉地区发展。果穗中等大，圆柱形或圆锥形，平均穗重 163g。果粒着生紧密，黄绿色，卵圆形，平均粒重 1.8g。果粉少，汁多，味酸甜，可溶性固形物含量 21.9% ～ 23.6%，可滴定酸含量 5.9 ～ 7.2g/L（图 5-17）。

适宜酿成干型或甜型葡萄酒，或混合赛美容以制造贵腐酒。

图 5-17　长相思叶片和果穗

（5）白玉霓（Ugni Blanc）。欧亚种，原产于法国。植株生长势极强，结果枝率65%，每个结果枝平均有 1.6 个果穗，第一花序着生在 2～4 节。副芽及副梢结实力均强，易丰产。发芽晚，成熟晚，在宁夏一般 4 月底至 5 月初萌芽，6 月上旬开花，10 月上旬果实成熟，生长期 165d 左右，为晚熟品种。适应性强，较抗果实病害，易栽培。果穗大，平均穗重 296g，长圆锥形，有副穗。果粒着生中等紧密或紧密，中等大，平均单粒重2.2g，圆形，绿黄色。果粉薄，肉质软，多汁，可溶性固形物含量 19.6%～22.4%，可滴定酸含量约 8.1g/L，是酿造葡萄蒸馏酒白兰地的主要品种。酒呈活跃的淡黄色，酸味适度而纯净，果香馥郁而丰富，瓶贮后还会产生杏仁的香气。酒体均衡，口感中等浓重，余韵爽口纯净（图 5-18）。

图 5-18　白玉霓叶片和果穗

（6）琼瑶浆（Gewurztraminer/Traminer）。别名特拉密，欧亚种，原产于中欧、南欧（德国南部、奥地利及意大利北部）。在宁夏一般 4 月中旬萌芽，5 月底开花，9 月上中旬果实充分成熟，生长期 145d 左右。喜冷凉、干燥气候。抗病性较弱，易感白粉病，不抗灰霉病，采前果穗易感病。果穗小，圆锥形，平均穗重 132g。果粒着生紧密，粉红色至紫红色，近圆形，平均粒重 1.6g。果粉多，果皮中厚，肉软汁多，可溶性固形物含量21.0%～23.4%，可滴定酸含量 6.0～7.7g/L。植株生长势较弱，结果枝率 54%，每个结果枝平均着生果穗 1.4 个，结实力中等偏弱，产量低。酿造的葡萄酒根据葡萄成熟程度在颜色上从淡黄色趋向深金黄色，具有非常浓郁的荔枝和玫瑰花的香气（图 5-19）。

图 5-19　琼瑶浆叶片和果穗

（7）小芒森（Petit Manseng）。欧亚种，原产于法国，晚熟品种。在宁夏一般 4 月中旬萌芽，5 月底开花，10 月上旬果实成熟，生长期 169d，适合晚收。果皮厚，抗病性强。果穗小，圆锥形，比较松散，平均穗重 123g。果皮绿黄色，果粒小，圆形，平均粒重 1.1g。果皮厚，可溶性固形物含量 28.0%～29.6%，可滴定酸含量 10.8～13.2g/L。植株生长势中偏强，结果枝率 56%，每个结果枝平均着生果穗 1.7 个。适合酿造果香浓郁、优雅，口感醇厚、圆润的优质甜白葡萄酒。由于酒的酸度较高，所以口感并未因丰富的香气、含糖量高而显得油腻，给人以干爽、余味纯净的感觉（图 5-20）。

图 5-20　小芒森叶片和果穗

（8）威代尔（Vidal Blanc）。威代尔是白玉霓（Ugni Blanc）和赛必尔 4986（欧美杂种）的杂交后代，原产于法国。在宁夏一般 4 月中下旬萌芽，5 月底至 6 月上旬开花，6 月上旬幼果膨大，8 月上旬果实转色，9 月底至 10 月初果实成熟，生长期 165d 左右，为晚熟品种。表现丰产稳产、抗寒抗霜霉病，耐土壤瘠薄，好管理。果穗长圆柱形，带副穗，平均穗重为 239g。果粒着生中等紧密，圆形，黄绿色，充分成熟果实果面略带红晕，平均单粒重 1.85g 左右，种子数 1～4 粒，以 2 粒居多。果皮较厚，果实可溶性固形物含量 25.2%。植株生长势旺，平均结果系数 1.78。可酿造高档冰酒或甜型酒。酒体颜色琥珀色，有蜂蜜、甜苹果、葡萄柚的香气，不同地域种植的威代尔，其酿造的冰酒还分别有苦杏仁味、焦糖味以及菠萝、麦芽等的香气（图 5-21）。

图 5-21　威代尔叶片和果穗

（9）维欧尼（Viognier）。别名维奥尼尔，欧亚种，原产于法国，中熟品种。4 月上旬发芽，9 月上旬成熟。喜欢相对干燥温暖的气候，具备良好的抗旱能力，对灰霉病有较好的抵抗力，但是对白粉病的抗性不强。对周围的环境较为敏感，天气稍热或过晚采收容易积累过多的糖分，破坏成酒的平衡。

果穗较大，平均穗重 198g，长圆柱形，有副穗。果粒小，着生紧密，平均单粒重 1.4g，卵圆形，黄绿色。果皮较厚，果肉质软，9 月上中旬采收可溶性固形物含量达 21.3%～28.6%，可滴定酸含量为 7.0g/L。植株生长势中等，结果枝率 81%，每个结果枝平均有 1.7 个果穗。酿造的葡萄酒具有浓郁的杏和桃香，酒体饱满，香气馥郁，质地柔顺。可与西拉混酿，以调节葡萄酒的颜色，增添芬芳的气息和柔和的口感（图 5-22）。

目前在我区引进的品系有维欧尼 1042。

图 5-22　维欧尼叶片和果穗

（10）白姑娘（Feteasca Alba）。欧亚种，原产于摩尔多瓦，早熟品种，产量中等，2012 年由罗马尼亚引入我国宁夏。在宁夏一般 4 月中旬萌芽，5 月底开花，7 月底果实转色，9 月初果实成熟，生长期 135d 左右。适应性较强，较耐寒，易受白粉病影响。果穗圆柱形或圆锥形，带副穗，平均穗重 154g。果粒着生中等紧密，圆形，绿黄色，平均单粒重约 1.78g，种子数 1～3 粒，以 2 粒居多。果皮较薄，果实可溶性固形物含量 20.0%～22.3%，可滴定酸含量 5.8g/L。植株生长势中等偏旺，结果枝率 77%，每个结果枝平均有 1.8 个果穗。酿造带花香和柑橘风味的干性或半干性酒，酒体平衡，细腻优雅（图 5-23）。

图 5-23　白姑娘叶片和果穗

二、品种选择依据

1. 建园的立地条件

各葡萄品种成熟的早晚反映出其对热量条件需求的差异，同时品种对土壤的适应性等因素共同决定了品种适宜何种立地条件。不同的立地条件，由于在气候、地形、坡向、土壤类型、土质等方面存在差别，因而适合不同的品种。所以，品种和立地的选择是相互的，只有在适合的立地条件下，采取合适的栽培措施，才能获得较好的产量和品质。

2. 企业的产品、市场定位

企业选择品种还要考虑面对的市场群体及主导产品。不同消费者对不同酒种有着自己的喜好，有人喜欢酒体轻盈、果香明显、新鲜饮用的佐餐酒，也有人偏爱酒体肥硕、骨架感强的陈酿型干红，还有人喜欢清爽的干白，也有人喜欢具有酵母香气、泡沫细腻、杀口适中的起泡酒，还有人喜欢高酒精度的白兰地等。

3. 品种适应性

品种的抗寒、抗旱性，生长势，对土壤酸碱性的适应能力，对病虫害的抗性，以及对瘠薄或肥沃土壤的偏好等多方面特性，均会对该品种能否良好生长与结实，以及对产量和品质高低产生决定性影响。

第四节　架材及架形

一、架杆

架材一般选用金属、水泥、木桩等，杆距 6～7m，栽植时，要保证横、竖、斜方向均为直线。

架杆长约 2.5m，地上部分 1.8～2.0m，地下 50～60cm，地上应保持同一高度，倾斜龙干架形架杆地上部分一般为 2.0m。

二、架形

"厂"字架形：主蔓与地面夹角应小于 45°，倾斜上架，主蔓离地 50～70cm，砾石多的区域主蔓离地 70cm 左右。底部通风带 60cm 左右，叶幕高 1.2～1.4m，叶幕厚40～50cm。每米架面保留 15 个左右新梢（图 5-24）。

图 5-24　"厂"字架形

倾斜龙干架形：主蔓保持同一方向倾斜上架，离地 50cm，留出通风带，叶幕高 1.5～1.8m，叶幕厚 70cm 左右。每株 25～35 个新梢（图 5-25）。

图 5-25　倾斜龙干架形

第五节　苗木准备及标准

选择一年生硬枝扦插自根苗，枝条地径（根颈以上 10cm）0.8cm 以上，其上有 3 个以上饱满芽、4 条长度超过 15cm 的健壮根系，无检疫性病虫害（表 5-1）。

表 5-1　贺兰山东麓酿酒葡萄苗木质量标准
（引自 DB64/T 1216—2016）

一年生自根苗	品种纯度≥99%；根系直径≥3mm，侧根数量≥5 条，枝条剪留高度≥20cm，剪留直径≥0.8cm，木质化；根皮与枝皮无损伤；芽眼饱满；无病虫害（图 5-26）
营养袋扦插苗	品种纯度≥99%；营养钵（袋）规格（直径×高）≥8cm×15cm；新梢数量 1 个；新梢长度 15～20cm；叶片数量≥4 片；侧根数量≥3 条；苗木生长天数≥45d；炼苗天数≥15d；无病虫害（图 5-27）
一年生嫁接苗	品种与砧木纯度≥99%；接穗长度≥10cm；剪口直径≥0.5cm，芽眼饱满；砧木根系直径≥2mm，根系数量≥8 条；砧木长度≥35cm；愈伤良好；枝芽无损伤；无病虫害（图 5-28）

图 5-26　一年生自根苗（硬枝扦插）

图 5-27　营养袋扦插苗

图 5-28　一年生嫁接苗

第六节　幼树管理

定植后两年的幼树管理，重点保证枝条成熟度好、冬芽饱满、春季发芽整齐。这段时期的主要管理措施如下：

一、第一年的管理

水肥管理：萌芽前不灌水，以提高地温，促进生根。萌芽后根据干旱情况灌水 3 ~ 4 次，可配合追施速效氮、磷、钾肥 1 ~ 2 次（每亩 2 ~ 3 kg）。后期叶片较多时，叶面喷施 2 ~ 3 次 0.2% 尿素溶液及 0.3% 磷酸二氢钾溶液。

除草松土：及时中耕除草，行内留出 1 ~ 1.2m 的清耕带。

病虫害防治：幼树主要防金龟子和霜霉病。在 5—6 月采用糖醋液诱导或高效氯氟氰菊酯等农药防治金龟子；进入雨季之前用代森锰锌、波尔多液或多菌灵等预防霜霉病。

树体管理：新梢达到 20cm 左右时抹芽，每株保留 1 ~ 2 个健壮新梢，副梢留 1 ~ 2 片叶反复摘心；新梢达到 50cm 时设支架或绑缚到铁丝上；7 月下旬至 8 月初新梢摘心，20d 后可再摘心 1 次。冬剪时（结合直径和高度），根据木质化程度进行修剪，高度超过 50cm 的基部剪留 50cm，不足 50cm 的基部留 2 ~ 3 个芽短截，第二年重新培养。

埋土：埋土越冬前清除地膜，埋土时间略早于结果树，主蔓埋土厚度 30cm 以上。

二、第二年的管理

抹芽定枝：5 月上旬抹芽定枝，地面 30cm 以上开始留枝，每隔 15 ~ 20cm 留 1 个新梢，疏除细弱、密集枝芽。第二年对于健壮的树体，可挂少量果，弱树、中庸树一律疏去花序。其他管理参照一年生幼树。

冬季修剪：成熟主蔓长度达到 1.2m 的，在 1.2m 处剪截，达不到的按一年生幼树进行冬剪。

第七节　成龄葡萄园管理

贺兰山东麓属于中温带大陆季风气候，在贺兰山东麓酿酒葡萄物候期及其对应的农事操作见表 5-2。

表 5-2 贺兰山东麓酿酒葡萄物候期及农事操作

时间	物候期	农事操作
1—3 月	休眠	准备农资及制订管理计划
3 月底至 4 月中旬	伤流、萌芽期	紧丝、出土、上架绑蔓、施有机肥、喷施石硫合剂等
4 月中下旬至 5 月初	抽枝展叶期	第一次抹芽定枝、施萌芽肥、灌水、预防晚霜冻
5 月中旬	新梢生长期、花序展露期	抹芽定枝、灌水
5 月下旬至 6 月初	花序分离至开花期	中耕、清除行内杂草、病害防治等
6 月中旬	坐果期、幼果期	中耕、清除果园杂草、预防霜霉病、施肥、灌水、花后新梢摘心、打副梢
7 月上旬至 7 月中旬	果实膨大期	除草、灌水、施肥、打药等
7 月下旬至 8 月上旬	果实开始着色、封穗前	打副梢、灌水、除草等
8 月中下旬	早熟品种成熟采摘、中晚熟品种着色中期	除草、摘叶等
9 月上中旬	中熟品种采收期	晚熟品种可酌情补水
9 月下旬至 10 月初	晚熟品种采收期	采摘、运输、压榨、秋施基肥
10 月中旬至 11 月上旬	养分回流期	秋施基肥、灌水、修剪、打药、埋土等
11 月中旬至 12 月	休眠	总结一年的管理经验

一、整形

详细整形过程按照《宁夏酿酒葡萄栽培技术规程》（DB64/T 204—2016）和《酿酒葡萄"厂"字形整形技术规程》（DB64/T 1092—2015）进行。

二、修剪

按照《宁夏酿酒葡萄栽培技术规程》（DB64/T 204—2016）和《酿酒葡萄"厂"字形整形技术规程》（DB64/T 1092—2015）进行。

夏季修剪：夏季修剪包括抹芽定枝、新梢摘心、打副梢、摘叶等。

当伤流结束，葡萄开始萌芽抽枝后，于立夏前后进行抹芽定枝。为了应对晚霜冻的危害，抹芽需分次进行，最后一次抹芽定枝可在晚霜冻彻底结束后、小满节气来临之前完成。抹芽时选留离主蔓近、生长健壮、花序质量好的新梢，一般 10 ～ 15cm 留 1 ～ 2 个新梢（根据不同品种节间长度而定），可采用单枝更新、双枝更新的方法。

进入 5 月中旬后，气温逐渐稳定，小满之后酿酒葡萄逐渐进入花期，一直到芒种（6月上旬）结束。除了蛇龙珠等生长势旺盛、坐果率较低的品种之外，酿酒葡萄一般采取花后（芒种前后）摘心的方式，以实现果穗松散、适当控产、优质的目标。夏季修剪时在通过适当控制水肥以抑制过旺生长的前提下，6 月可打副梢 1 ～ 2 次；"厂"字形新梢缓放并控水可实现不打副梢，但在新梢超过架杆 20cm 时采取机械修剪方式进行封头处理。

叶幕郁闭的倾斜龙干形葡萄园可在果实着色初期抹除过密新梢及着色不良果穗，并摘除果穗下 2 ～ 3 片老叶以改善光照和通风条件；新梢数量多、叶幕厚的"厂"字形葡萄园可在果实着色中后期摘除东面的老叶。

冬季修剪：霜降前后开始冬剪，对主蔓延长枝一般留 4 ～ 6 个芽，采用中梢修剪方式，其余的一年生新梢都采取留 1 ～ 2 个芽的极短截处理；有生长空间的保留前端健壮的延长枝；对于弱树或新梢长度超过主蔓的单株，可通过回缩的方法，对此新梢进行中梢修剪，用来代替原主蔓延长枝。

三、水肥及土壤管理

推荐水肥一体化管理，按照宁夏回族自治区相关标准执行。灌溉量控制在每亩220 ～ 300m³。在成龄葡萄园中，全营养的水溶滴灌肥一般每亩施 20 ～ 40kg，根据树龄和产量而定。

没有采用水肥一体化管理的，可采用沟灌方式并结合配方施肥技术。灌溉量控制在每亩 350 ～ 400m³。建议施复合肥，每亩施 80 ～ 100kg。

每 2 ～ 3 年施一次有机肥，开 50cm 左右深沟，每亩施 600 ～ 1000kg 商品有机肥或10 ～ 15m³ 腐熟畜禽肥。

因为砾石或风沙地葡萄园土壤透气性好、升温快，所以地面管理前期采用免耕的方式，夏季自然生草，当草长到 30cm 以上且尚未结籽时，进行机械刈割，割下的草覆盖于葡萄行内。地势平坦、地下水位较高、沙壤土葡萄园，春季土壤升温较慢，在 6 月中旬之前可多次旋耕，夏季自然生草，当草长到 30cm 以上且尚未结籽时，进行机械刈割。夏季中雨及大雨后及时旋耕，减少园内积水。

四、病虫害防治

贺兰山东麓主要虫害有葡萄斑叶蝉、葡萄缺节瘿螨、短须螨、绿盲蝽等，个别年份金龟甲危害较重；主要病害有霜霉病、白粉病、灰霉病等，对于西拉等果皮薄、果穗紧的品种，主要防治酸腐病。

病虫害防治坚持预防为主、综合防治，根据田间监测结果，抓住关键时期进行防治，农艺措施结合化学、物理等综合措施，用药前重后轻，重视质量安全和环境友好生产。

五、机械化的配套应用

在种植规范、株距大于 0.6m 的葡萄园，尤其是"厂"字形整形的葡萄园，可更多采用机械代替人工作业。埋土可用单铧犁、双铧犁；打药用风送式植保机；施有机肥用施肥机；除草有株间除草机、旋耕机、行间除草机等；夏剪可选用不同型号的夏剪机；冬剪有预剪机等。

六、冬季挂枝

采用"厂"字架形时，冬季修剪后，可将当年的新梢挂在架丝上不清除，以减轻冬、春季节葡萄园遭受的风蚀危害，同时对葡萄园周边环境起到保护作用。

七、出土埋土

春分过后，可以将冬季挂在架丝上的枝条清除，为出土做准备。

出土时期：山桃、山杏花开时，若春季多日最低气温稳定在 5℃ 以上，即可出土，也就是在清明、谷雨前后，由于贺兰山东麓小气候的差异，葡萄萌芽的物候期有先后，出土时间最早可提前至 3 月底，最晚可延迟至 4 月中下旬。若基地面积较大，所需机械和人工较多，那么出土条件可放宽至最低气温 2℃ 以上。先将埋土堆两侧的土用刮板机械刮除（可在刮土后春施有机肥），之后通过人工彻底清理，或采用单侧滚刷式机械完成出土作业。出土后及时灌水可补充土壤水分、提高空气相对湿度，但灌水量不宜过大。对于倾斜龙干架形，可统一向南倾斜上架（与地面夹角 60°左右）；"厂"字架形则直接倾斜水平上架。

出土后做好紧丝、上架、绑蔓等工作。

埋土对应的节气为霜降至立冬，可在外界最低气温为 −2 ～ 5℃ 时进行。冬灌后，当埋土机械能正常进入田地，且土壤湿度达到轻捏成团、一触即散的状态时，即可操作，一般在 11 月上旬完成。根据气温变化情况，尽量提早灌溉，在剧烈降温前结束埋土作业。一般主蔓的埋土厚度达 30 ~ 40cm，埋土宽度为 1 ~ 1.2m。幼树在埋土越冬时，土壤湿度不宜过大。

第八节　葡萄质量控制

质量控制的关键环节如下：

1. 建立质量安全制度体系

树立质量安全意识，建立从种植、加工、运输到餐桌全覆盖的质量安全制度体系，保证从环境到田间再到餐桌的全过程的质量安全。

2. 选址

在葡萄园建设之初重视环境评价，不在有污染源的区域建园。建园时科学规划、高标准建园，为今后机械化、智能化管理打下良好基础。

3. 肥水管理

对于化肥、农药、有机肥等生产物资，必须严格把控，杜绝重金属超标、含有抗生素以及农药残留超标的不合格品进入葡萄园。根据立地条件，制订适合的亩产指标，从而保证能够获得符合质量要求的优质原料。

4. 树体管理

通过肥水调控、合理修剪保证树势中庸、枝芽健壮、合理负载，实现高质量持续生产。

5. 采收期管理

采收之前疏除二次果和过密细弱新梢，但是不要对新梢进行中或重短截；一般在采收前一个月葡萄园不灌水，但是对于砾石葡萄园，根据土壤的干旱程度及葡萄树体的缺水情况，可在白露前后补充一定水分，从而保证晚熟品种果实的品质。

6. 病虫害防治

按照相关地方标准进行绿色防控或有机防治。

7. 质量追溯

生产全程按照相应的管理规范和质量要求进行，并做好每个环节的记录，通过信息化技术提高管理水平和质量追溯水平。

空气、地下水、土壤等符合《葡萄产地环境技术条件》（NY/T 857—2004）的规定。

化学农药符合《食品安全国家标准——食品中农药最大残留限量》（GB2763—2021）、《绿色食品农药使用准则》（NY/T 393—2020）的规定。

化肥施用符合《肥料中有毒有害物质的限量要求》（GB 38400—2019）的规定。

有机肥符合《有机肥料》（NY/T 525—2021）的规定。

葡萄酒加工符合《葡萄酒》（GB/T 15037—2006）的规定。

第六章
葡萄酒酿造

第一节　葡萄采收

葡萄果实的成熟度和质量决定着葡萄酒的质量和种类，为满足不同酒种生产工艺要求，通过对葡萄果实色泽、硬度及颜色等外观品质，以及糖、酸及其他风味物质进行监测，在风味达到最佳平衡的时间点进行采摘，从而获取最优的酿造原料。

一、采收期的确定

1. 物候期

葡萄成熟是一个持续的过程，需要经历幼果期、转色期、成熟期和过熟期等不同的物候期。在各个葡萄酒产区，各品种从盛花期至成熟期，所耗费的时间大体上是一致的。例如，中熟品种从盛花期至成熟期需 90 ~ 110d，从转色期至成熟期需 50d 左右。根据酿酒葡萄物候期初步确定采收期，及时开展采收准备工作。表 6-1 列出了贺兰山东麓产区主要酿酒葡萄品种的采收期。遇到高温、强降水等特殊年份，前后会有 1 周的波动。

表 6-1　宁夏主要酿酒葡萄品种采收期

分类		主要品种	采收期
白色品种	早熟	长相思、白比诺、琼瑶浆、白姑娘	8 月下旬至 9 月上旬
	中熟	霞多丽、雷司令、贵人香、白诗南、赛美容、维欧尼	9 月中旬至 9 月下旬
	晚熟	威代尔、小芒森、白玉霓	9 月下旬至 10 月上旬
红色品种	早熟	黑比诺	9 月上旬至 9 月中旬
	中熟	美乐、西拉、马瑟兰、紫大夫、佳美	9 月中旬至 9 月下旬
	晚熟	赤霞珠、马尔贝克、蛇龙珠、品丽珠、小味儿多、歌海娜	9 月下旬至 10 月上旬

2. 采收标准

根据不同酒种对葡萄原料的要求，确定不同的采收指标，从感官指标和理化指标两个方面控制酿酒葡萄成熟度。土壤、海拔、坡向等会影响葡萄成熟度和采收期。

2.1 感官指标

在采收时，可以通过葡萄果实外观、风味和种子颜色等感官指标初步判断果实的成熟情况。

（1）果实外观。着色良好均匀、无生青果、果皮无明显皱缩、无明显病虫害感染情况。红色品种颜色呈紫黑色或紫红色；白色品种颜色呈黄绿色、黄白色（图6-1）。

图 6-1 红色和白色葡萄品种成熟果穗
a. 红色品种成熟果穗　b. 白色品种成熟果穗

（2）种子颜色。种皮呈黄褐色，尤其是种子腹面变褐面积要超过60%（图6-2）。

（3）风味。在气味上，无发酵味、发霉味、生草味或甜椒味等；在口感上，成熟果实的果肉味甜、酸味淡，果肉与果皮不粘连，果皮易嚼碎、涩感细腻、无酸味，种子质地脆、易分离、无苦味。

图 6-2 不同成熟度的种子

2.2 理化指标

为了更科学地确定葡萄果实的成熟度和采收时间，可将糖、酸含量及成熟度系数作为选择采收日期的主要指标。

（1）取样。对于早熟品种需要连续监测 4 周，前期每周取样 1 次，后期每 2 ～ 3 d 取样 1 次，直至确定最佳采收期。对于中晚熟品种连续监测 6 周，前期每周取样 1 次，后期每 2 ～ 3 d 取样 1 次，直至确定最佳采收期。分区域、分品种取样。按照地形一致、品种一致的原则划分取样区域，随机选 1 株取上、中、下果穗测定可溶性固形物含量；每 2 ～ 3 d 取样 1 次时，可每个区域取 100 粒葡萄，要求上中下、里外均匀取样，在实验室化验含糖量和含酸量，3 次重复。

（2）理化指标。含糖量：白葡萄含糖量不低于 200g/L（以葡萄糖计），或可溶性固形物含量达 21% 以上；红葡萄含糖量不低于 220g/L（以葡萄糖计），或可溶性固形物含量达 23% 以上。

含酸量：白葡萄含酸量不低于 6.5g/L（以酒石酸计）；红葡萄含酸量不低于 5g/L。

pH：以 3.4 ～ 3.8 为宜。

成熟度系数：即糖酸之比。贺兰山东麓产区葡萄的成熟度系数（总糖 / 总酸）应为 30 ～ 50。

另外，不同产区、品种和酒种之间成熟度标准会有一定的区别。具体采收时间也有差别，如起泡酒要求较低的酒精度和保持清爽的酸度，葡萄需提前采收；甜酒，如贵腐酒和冰酒，需有足够的糖分，故一般较晚采收葡萄。贺兰山东麓酿酒葡萄基本采收标准如表 6-2 所示。

表 6-2　酿酒葡萄成熟采收标准

指标	定性或定量描述
外观	着色良好均匀、无生青果；果皮不明显皱缩
种子颜色	种皮呈黄褐色，尤其是种子腹面变褐面积达 60% 以上
可溶性固形物含量	22% ～ 25%
可滴定酸含量	0.5% ～ 0.8%
pH	3.4 ～ 3.8
风味	无生青味

二、采收前准备

1. 采收前管理

采收前 30 ～ 40d，即转色后期，需要对二次果进行疏除，同时疏除成熟不好的一次果穗；采前 1 个月要注意控水，禁止打药。

2. 设备准备

葡萄酒生产车间应根据采收和生产计划，提前采购采收工具、辅料、劳保工具等；清洗场地、发酵罐等；做好设备保养、调试等工作。

3. 人员准备

提前安排好采收和车间分选人员，并提前进行培训。

4. 辅料准备

根据产量和工艺计算辅料的使用种类和用量（表 6-3）。

表 6-3 葡萄酒酿造主要辅料表

辅料	作用	使用方法	使用时期	用量
偏重亚硫酸钾	抑菌、澄清	溶解后添加	前处理、陈酿	前处理 80 ～ 160g/t；陈酿 20 ～ 40mg/L（游离二氧化硫）
酵母	快速启动发酵，改善感官质量	活化后加入	入料或冷浸渍结束，活化均匀后加入	100 ～ 200g/t
果胶酶	色素、单宁的浸提，澄清	固体果胶酶需要用水溶解	除梗破碎后加入	150 ～ 250g/t
单宁	澄清、降低葡萄酒氧化程度	溶解后加入	发酵启动后加入	100 ～ 300g/t，根据葡萄成熟度、质量、酿酒类型确定
酒石酸	增加酸度	溶解后添加	发酵前或结束后加入	500 ～ 2 000g/t，根据可滴定酸目标添加

三、正式采收

酿酒葡萄的采收包括采收、运输和葡萄酒厂的接收。整个环节要保证果实完好无损，防止污染。具体采收时间可根据品种成熟期、地势、土壤、长势等判断。早熟品种先采收，土壤沙性大的地块先采收，生长势弱的品种或地块先采收。

1. 采收天气条件

选择晴天或多云天气的清晨、傍晚进行采收，雨天、露水多时应避免采收，同时保证果实采收温度不高于10℃。对于同一个酒庄的原料基地，采收通常按照不同品种成熟期分期分批进行。

2. 采收方式

人工采收：原料应在采收后10h内及时加工，不能及时加工的需要在低温条件（推荐温度：0～10℃）下进行短期保存。

机械采收：机械采收必须在较低温度下进行，如夜间进行，采收后要马上加工。

3. 原料质检

首先，应确保原料的品种、产地、重量等信息无误。

其次，原料必须外表洁净、无污染、无病虫害、无霉烂、无农药残留；果粒完好，破损率不超过2%；不得混有枝叶、杂草、泥沙、石头、木棒、塑料、金属等杂物；不得淋雨或带有水珠。

第二节　酿酒设备

酿酒设备在葡萄酒生产过程中起着至关重要的作用，从葡萄的采收、前处理到发酵、装瓶，每个环节都有专门的设备来确保葡萄酒的质量。葡萄酒酿造工艺流程大体上为：葡萄→破碎与去梗→发酵→压榨→苹果酸、乳酸发酵（可选）→陈酿→调配→澄清过滤→灌装→包装。主要酿酒设备包括：前处理设备（分选设备、除梗机、破碎机）、压榨设备（压榨机等）、发酵设备(发酵罐、制冷设备等)、陈酿设备(贮酒罐、橡木桶等)、稳定设备(过滤设备)和灌装设备等。

一、前处理设备

1. 分选设备（各个设备功能、优缺点、择优推荐的类型）

分选设备需要除去原料中的枝、叶、僵果、生青果、霉烂果和其他杂物，并使葡萄完好无损，包括人工分选（半自动）和机器分选（自动）两种类型。人工分选设备构造较为简单（如图6-3皮带式输送平台、图6-4振动式筛选平台），需要配备工人；机器分选目前利用光学分选的原理，节省人工，但设备采购费用较高。

图 6-3　皮带式输送平台　　　　　　　图 6-4　振动式筛选平台

2. 除梗机

传统的转筒式除梗机通过打轴、筛筒利用离心的原理将葡萄和梗分离，这种除梗方式去梗不干净，且葡萄破碎严重、生青梗残留多。

现在市场上流行链板式葡萄除梗粒选一体机和振动式葡萄除梗粒选一体机这两种新型除梗机，其中链板式葡萄除梗粒选一体机双通道有 4 组柔性摆臂除梗单元，葡萄经过通道时，摆臂把葡萄从葡萄梗上抖动下来，除梗效率高，柔性除梗破果率低。除梗机下面配有大小滚轮装置，实现初步粒选（图 6-5）。

图 6-5　链板式葡萄除梗粒选一体机

振动式葡萄除梗粒选一体机通过摆臂和拨叉模仿人手，实现葡萄与果梗的分离，下面配有大小滚轮装置，实现生青果、小碎梗等杂物、葡萄果梗与果粒的分离。以上两种新型除梗机械能有效提高酒庄生产效率，保证葡萄粒选效果，有效去除生青果、小碎梗等杂物，极大地提高了葡萄酒的品质。近年来，多应用于宁夏、新疆、山东、甘肃、内蒙古等的主要葡萄酒产区（图 6-6）。

除梗机要求除梗率高，同时避免果粒的损失。

图 6-6　振动式葡萄除梗粒选一体机

3. 破碎机

用于葡萄果粒的破碎，便于果汁流出。最简单的破碎机械是对辊式破碎机（图 6-7），果粒通过两个转动的硅胶滚轮，直接破碎，通过调整两个滚轮的间距以适应不同品种（大小）的果粒。如果滚轮间距调大，则一些小粒葡萄无法破碎；滚轮间距调小，就可能使葡萄破碎程度很高，甚至葡萄种子也会破碎。

目前生产上广泛使用的还有离心式破碎机（图 6-8），不仅可以通过调整转速来控制破碎程度，而且不同大小的葡萄果粒均可以破碎，且可以避免将种子压破。

图 6-7　对辊式破碎机

图 6-8　离心式破碎机

4.压榨设备

最传统的设备是螺旋压榨机，这种压榨机结构简单，可以连续不间断生产，但是压榨出的葡萄汁质量差，现在已被酒庄淘汰。

目前，多数酒厂使用的是气囊压榨机，尤其是近几年兴起的双侧气囊压榨机（图6-9）。气囊挤压更轻柔，不容易压碎果皮和葡萄籽。

图6-9　气囊压榨机

有些小型酒庄会用到板框式压榨机（图6-10），但相较气囊压榨机，板框式压榨机的机械化、自动化程度不高，效率较低。

二、发酵设备

1.泵

酒庄常用的泵有叶轮泵（图6-11）、蠕动泵（图6-12）、螺杆泵（图6-13）、离心泵和活塞泵等。

叶轮泵主要用于倒酒、打循环、输送酒液等，该种泵可以实现双向双速或变频可调速，且具有自吸功能，具有高转速低流量柔性输送、对酒的剪切力小，对酒体伤害小等优点，现在已开始普遍应用于葡萄酒生产，尤其是精品葡萄酒生产。

图6-10　板框式压榨机

蠕动泵可以用于输送破碎后的葡萄进入发酵罐，柔性输送，避免种子和皮破碎，也可用于倒酒、打循环等葡萄酒生产过程。

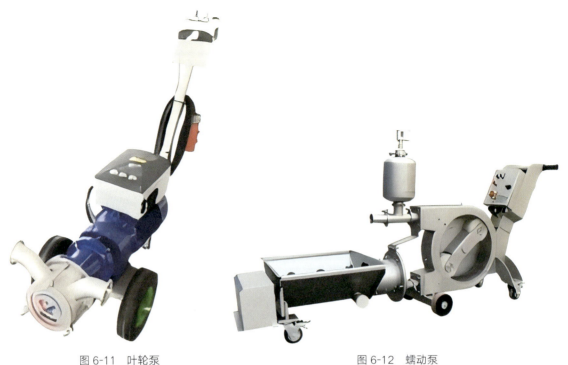

图 6-11　叶轮泵　　　　　　　　　　　　　图 6-12　蠕动泵

图 6-13　螺杆泵

螺杆泵通过螺杆推动进料，推力比较强，对果粒有一定的破碎作用，主要在红葡萄酒入料阶段用于输送葡萄醪。

离心泵速率高，购买和维修保养费用便宜，但对果皮或种子有一定的机械损伤，建议用于发酵罐清洗，或用于葡萄汁或发酵结束后葡萄酒倒罐使用。

活塞泵拥有自吸和双向运送能力，还可以控制酒的流速，同时比较轻柔，一般可以用于发酵期间的循环处理，但购买和维修保养费用较高。所有泵的使用，注意功率要与发酵罐的体积相匹配。

2. 葡萄酒发酵罐（容器）

葡萄酒发酵罐材质有不锈钢、混凝土和木质。不锈钢具有易清洗、方便成形和热传导效率高等优点，被广泛应用于发酵领域。不锈钢发酵罐因不同的发酵需求有不同的形状。例如，锥形罐用于红葡萄酒的浸渍；锥底罐便于出渣操作，并可以进行去籽（图 6-14）。

混凝土发酵罐是由水泥发酵池改造而来，内部有防酸、防腐等材料涂层，保温效果好（图 6-15）。

图 6-14　锥底不锈钢发酵罐

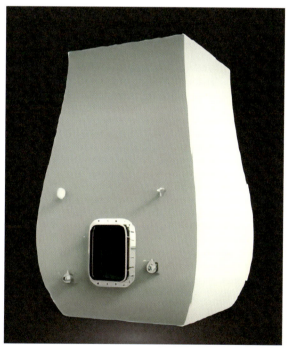
图 6-15　新型混凝土发酵罐

橡木桶发酵罐是较传统的发酵容器之一，保温，具有微氧作用，同时给予葡萄酒更多的风味，但价格较为昂贵，在高端葡萄酒庄广泛应用（图 6-16）。

3. 贮酒罐和冷冻罐

根据用途不同，除了发酵罐，葡萄酒罐还包括贮酒罐和冷冻罐。贮酒罐多为单层食品级不锈钢材质，用于葡萄酒的贮藏。冷冻罐在贮酒罐的基础上配备保温夹层和冷冻装置，用于葡萄酒的冷冻澄清。

4. 温控设备

温度是最重要的发酵技术参数，对风味物质的产生和浸提有重要影响。温控设备对于发酵来说尤为重要，可以说是酒庄的"心脏"，温控包括制冷和制热。温控设备通常包括制冷（热）机、冷（热）媒罐、换热器等。温控设备在一些小型酒庄也可以用于稳定工艺。

图 6-16　橡木桶发酵罐

三、酒窖设备

酒窖主要功能是为葡萄酒的成熟提供一个稳定的贮存环境，有助于葡萄酒的陈酿，主要用于葡萄酒橡木桶和瓶内陈酿。酒窖要控制好温度和湿度。理想的贮存温度为10～15℃，稳定的温度可以避免葡萄酒因温度波动而变质。适宜的湿度为60%～80%，可以防止橡木桶和酒瓶的软木塞干燥。

1. 洗桶机

橡木桶的结构决定了其清洗必须依靠专业工具。洗桶机是将高压热水通过万向清洗头喷射到桶内进行清洗。橡木桶的重量和体积较大，使用专用洗桶机不仅可以提高效率，更能避免工人在操作中受伤。

2. 蒸汽机

经过洗桶机清洗的橡木桶，在使用前还需要用蒸汽机进行杀菌。相较于传统的熏硫杀菌，蒸汽杀菌效率更高，杀菌更彻底，而且不存在二氧化硫过量的问题。

3. 温度和湿度调节设备

酒窖温、湿度要保持相对恒定，如果波动过大，要通过空调和加湿、除湿设备进行调节。

四、灌装及包装设备

1. 灌装设备

灌装设备一般包括酒瓶清洗机、灌装机、打塞机和缩帽机等。灌装设备是酒庄办理生产许可证的必要条件，因设备昂贵、养护成本较高，不同规模的酒庄应选择合适的灌装设备。建议年产量小于 10 万瓶的酒庄使用每小时 1 000 ～ 1 500 瓶的灌装设备；年产量为 10 万～ 30 万瓶的酒庄使用每小时 2 000 ～ 5 000 瓶的灌装设备；年产量超过 30 万瓶的酒庄应购买 2 台以上灌装设备。

2. 贴标机和缩帽机

贴标机用于酒瓶贴标，专用于葡萄酒酒瓶圆周面贴标签，可贴单标和双标，将装置进行调节后可适应不同规格酒瓶表面的贴标。市场上主要有半自动葡萄酒贴标机和全自动葡萄酒贴标机。

葡萄酒缩帽机是一种常见的密封设备，它的工作原理是利用热缩膜在受热后收缩，从而紧密地包裹住瓶口和瓶盖，实现密封。

3. 喷码机

喷码机用于给酒瓶或酒帽上喷涂生产日期及批号。虽然可以选择直接印刷在背标上，但是全自动喷码机更加符合现代化生产的要求，可以节约成本、提高效率。

五、其他设备

1. 过滤设备

过滤设备可以除去或减少使葡萄酒出现浑浊或产生沉淀的物质、酵母或微生物，提高葡萄酒的胶体稳定性和生物学稳定性。目前常用的是硅藻土过滤机（图 6-17）、纸板过滤机（图 6-18）和错流过滤机（图 6-19）。

硅藻土过滤机操作方便，其耗材便宜、耐用；纸板过滤机是目前比较常用并且可靠的澄清、除菌设备；错流过滤机可以使酒液与介质平行流动，具有不容易堵塞介质和过滤效率高的优点，但设备的使用成本较高。

2. 速冻机

速冻机可以迅速将葡萄酒的温度降至0℃以下，主要用于葡萄酒的冷稳定处理，需要配合保温罐。在规模小的酒庄可以使用制冷设备代替速冻机。

图 6-17　硅藻土过滤机　　　　　　　　　　　图 6-18　纸板过滤机

图 6-19　错流过滤机

第三节　红葡萄酒的生产

贺兰山东麓产区主要红色酿酒葡萄品种有赤霞珠、美乐、品丽珠、蛇龙珠、西拉、黑比诺、小味儿多、马瑟兰、马尔贝克、紫大夫等。用这些品种酿造出的葡萄酒呈现出较深的红色。根据红葡萄酒的含糖量，可以将其分为干型、半干型、半甜型和甜型。

一、红葡萄酒的感官特点

具有较深的颜色，呈紫红色、宝石红色、棕红色；具有果香、酒香和陈酿香，香气一般是复杂浓郁的；口感圆润、醇厚、复杂、协调，回味长。红葡萄酒含有大量的色素和单宁，内容物多，口感复杂。

二、干红葡萄酒酿造工艺

1. 原料前处理

原料前处理包括穗选、除梗、粒选、破碎等工序。穗选即对葡萄穗进行分选，通过穗选平台，将杂草、叶片、枝条、泥土、石块、塑料等杂物，以及霉烂果、生青果、粉红果等不达标的果实挑出（图 6-20）。除梗就是将果梗与果实分离，避免果梗带来生青气味、劣质单宁或稀释葡萄汁。一般要求除梗率达到 95% 以上。

图 6-20　穗选

粒选即通过粒选平台，将碎梗、青果、粉红果挑出，如果手工粒选，则需要大量的人工（图 6-21）。破碎就是利用机械使果实裂开，以便于果汁流出，破碎过程应相对轻柔，避免碾碎果皮或压破种子。

图 6-21　粒选

2. 入料及辅料添加

入料就是将破碎处理后得到的葡萄醪转移至发酵罐。入料过程中加入二氧化硫可以抑制杂菌生长和防止原料氧化，添加果胶酶可以提高出汁率以及强化颜色和风味物质的浸提效果，辅料的添加量根据葡萄原料的质量而定。

干红葡萄酒酿造过程所需辅料主要包括二氧化硫、酵母、果胶酶、发酵（营养）助剂、酒石酸等。

3. 发酵前冷浸渍与启动发酵

冷浸渍是指在入料后利用控温系统对葡萄醪进行 3 ～ 7d 的低温浸渍，冷浸渍温度为 5 ～ 8℃。冷浸渍期间避免自然发酵的启动。预浸渍后接种酵母，启动酒精发酵。

4. 酒精发酵的管理和控制

酒精发酵的管理和控制主要包括浸渍管理、温度控制和比重监控。发酵启动后，果皮和部分种子会由于二氧化碳的作用形成"帽"，帽的形成不利于浸渍和发酵。为了强化颜色和风味物质的浸提效果，必须不断地将酒帽压入发酵液中，称之为"压帽"或者"淋帽"。压帽或淋帽的次数和强度要根据原料状况并通过品尝来确定，过度操作会导致劣质单宁析出，影响口感，操作不够则不能达到良好的浸提效果。

干红葡萄酒在进行发酵时，温度通常保持在 25 ～ 28℃。此外，需要使用比重计对葡萄汁比重进行测量，监控酒精发酵的过程。当比重降至 0.992 ～ 0.995 时，表示发酵已经结束。

5. 后浸渍

后浸渍期间温度不会升高，也不会有大量的二氧化碳产生，"帽"逐渐消失，这时候循环强度或频率都应适当降低。根据品种和对产品的要求来决定是否需要进行后浸渍。后浸渍一般少则 2～5d，多则 3～5 周，根据浸渍温度、原料质量和葡萄酒类型决定。

6. 分离压榨

通过一定时间的浸渍发酵，葡萄酒已经具有了相应的颜色、口感和香气，这时就需要将葡萄酒与皮渣进行分离，即抽出发酵罐中的液体部分（自流酒）。通过压榨机对罐内剩余固体进行压榨，从而获得压榨酒，最终完成葡萄酒与皮渣的分离。自流酒和压榨酒应分开贮存。

7. 苹果酸 - 乳酸发酵

葡萄酒，尤其是营养物质较多的红葡萄酒，容易受到乳酸菌的侵染，使用人工选择的乳酸菌可以消耗底物，防止劣质乳酸菌繁殖生长，保持葡萄酒的微生物稳定性。乳酸菌利用的底物一般为苹果酸，苹果酸口感尖锐，通过苹果酸 - 乳酸发酵可以将其转化为口感柔和的乳酸。苹果酸 - 乳酸发酵在隔氧状态下进行，温度一般控制在 18～20℃。

8. 转罐和贮存

待苹果酸消耗完全后，立即分离转罐，注意应满罐贮存，并保持二氧化硫处于一定的浓度水平，为后期陈酿创造适宜条件。干红葡萄酒酿造工艺流程见图 6-22。

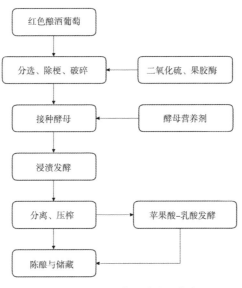

图 6-22　干红葡萄酒酿造工艺流程

第四节　白葡萄酒的生产

使用澄清的白葡萄汁酿造白葡萄酒，不含色素。贺兰山东麓产区主要白色酿酒葡萄品种有霞多丽、贵人香、雷司令、白玉霓、威代尔、赛美容、白诗南、琼瑶浆、小芒森等。根据白葡萄酒的含糖量，可以将其分为干型、半干型、半甜型和甜型。

一、白葡萄酒的感官特点

一般要求白葡萄酒的颜色为近无色至金黄色；具有纯正、优雅、怡悦的果香和酒香；口味清爽、协调。白葡萄酒中单宁含量很少，酸度较高，果香突出。

二、干白葡萄酒酿造工艺

1. 原料前处理

原料前处理主要包括葡萄分选、除梗、破碎、压榨等。白色酿酒葡萄原料的分选与红色品种相同，但一般不进行粒选。

分选合格的原料可以整穗压榨，也可以除梗后整粒压榨，还可以除梗、破碎后再进行压榨。压榨取汁是白葡萄酒酿造的重要环节，建议选择气囊压榨机对白葡萄进行压榨。

2. 葡萄汁澄清

压榨得到的葡萄汁需要在较低的温度下，比如 $8 \sim 10℃$，澄清 $12 \sim 36h$（与澄清容量有关），澄清过程中需要加入澄清剂促进澄清，如果胶酶、膨润土等。当葡萄汁澄清度达到要求时即可进行清汁分离，并进入发酵环节。

干白葡萄酒酿造过程所需辅料主要包括果胶酶、二氧化硫、发酵（营养）助剂、澄清剂等。

3. 酒精发酵

为了获得优质的干白葡萄酒，必须在较低的温度下（$15 \sim 20℃$）进行酒精发酵。由于是清汁发酵，因此不需要进行压帽和循环操作，但是要严格监控温度和比重的变化，并通过品尝确定发酵情况。

4. 分离、过滤

酒精发酵结束后一般会立即将酒液与粗酒脚（罐底沉淀物）分离，要注意在分离过程中尽量减少与空气的接触。干白葡萄酒在贮存过程中，一方面要尽量减少葡萄酒接触氧气，另一方面要避免高温，在15℃下密闭、满罐贮存。经过下胶、冷冻、过滤后即可灌装。干白葡萄酒酿造工艺流程如图6-23所示。

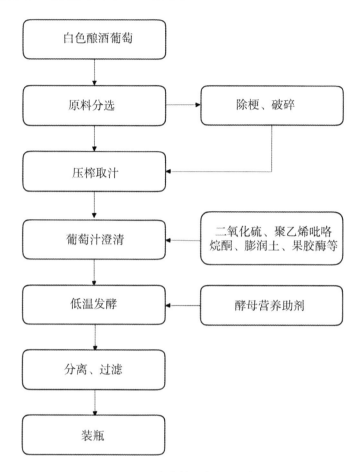

图 6-23 干白葡萄酒酿造工艺流程

第五节 桃红葡萄酒的生产

桃红葡萄酒选用红色葡萄品种酿造而成，含有少量的色素。理论上用于酿造红葡萄酒的品种都可以用来酿造桃红葡萄酒。根据桃红葡萄酒的含糖量，可以将其分为干型、半干型、半甜型和甜型。

一、桃红葡萄酒感官特点

洋葱红至浅红色，艳丽；果香和酒香（香气一般是简单的）浓郁清新、无氧化；口感圆润、清爽；含有少量的色素，几乎不含单宁。

二、桃红葡萄酒酿造工艺

1. 原料前处理

同红葡萄酒。

2. 浸渍发酵

桃红葡萄酒需要有一定的颜色，主要有以下三种工艺：

直接压榨：对一些颜色较深的红色品种，可以直接压榨取汁，这样可以从葡萄皮中提取少量色素，酿造的桃红葡萄酒颜色较淡。

短时间浸渍：将红葡萄进行破碎处理后装入罐中，然后进行浸渍。浸渍时间可以持续 2～24h。浸渍时间越长，桃红葡萄酒的颜色就会越深，风味也会更加浓郁。浸渍结束后，将桃红色的葡萄汁与葡萄皮渣进行分离，随后进行发酵。

放血法：酿酒师起初按照红葡萄酒的酿造工艺开始工作，但是在浸渍初期（12～24h），会从发酵罐中转移 5%～20% 的葡萄汁，这些转移出来的葡萄汁随后将被酿造为桃红葡萄酒。罐中皮的占比变大，可以使桃红葡萄酒颜色加深，风味物质浓缩。

3. 葡萄汁澄清

无论用哪种方法酿造桃红葡萄酒，分离的葡萄汁都需要进行澄清处理，可参照白葡萄汁的澄清方法。

4. 酒精发酵

澄清后葡萄汁的发酵方式和技术参数与白葡萄酒相同。

5. 分离

桃红葡萄酒一般不进行苹果酸 - 乳酸发酵。酒精发酵结束后，应立刻转罐分离酒泥，同时补充二氧化硫。桃红葡萄酒的酿造工艺流程如图 6-24 所示。

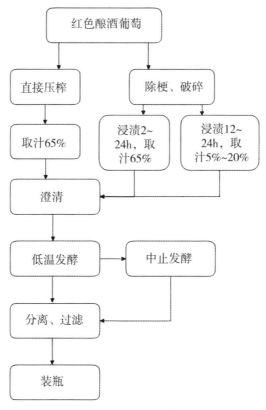

图 6-24　桃红葡萄酒酿造工艺流程

第六节　起泡葡萄酒的生产

起泡葡萄酒是根据酒中二氧化碳的压力来进行定义和区分的，当酒中二氧化碳压力 ≥ 0.35MPa 时为起泡葡萄酒，瓶内压力较小的（≤ 0.05MPa）则被称为平静葡萄酒。起泡葡萄酒一般需要经瓶内（罐内）二次发酵。世界上最著名的起泡葡萄酒就是香槟酒。可以根据起泡葡萄酒的含糖量，将其分为绝干型、干型、半干型、半甜型、甜型。

一、起泡葡萄酒感官特点

颜色主要有白色、桃红色，开瓶后气泡密集、连续而持久；果香和酒香浓郁，并有独特且浓郁的陈酿香气；口感清新、爽口，酸度较高，单宁含量一般较少。

二、起泡葡萄酒对品种及原料的要求

一般选用霞多丽和黑比诺作为原料酿造起泡葡萄酒。可用霞多丽单品种酿造白起泡葡萄酒，也可用霞多丽和黑比诺混酿桃红起泡葡萄酒或白起泡葡萄酒。在贺兰山东麓产区，采收时间一般在 8 月中下旬，此时葡萄接近生理成熟。当葡萄汁含糖量为 175 ～ 190g/L、含酸量为 8 ～ 10g/L（以酒石酸计）时，进行采收，多数年份需要添加酒石酸进行增酸处理。

三、原酒酿造

1. 原料前处理

穗选去除存在腐烂、干化等问题的原料。

2. 取汁和澄清

一般利用气囊压榨机，采用整串压榨的方式对葡萄进行取汁。取汁率通常不高于 65%。取汁后添加澄清剂在低温条件下（＜ 10℃）进行澄清，也可加入果胶酶辅助澄清。黑比诺等红色品种压榨后葡萄汁中会有色素，如果生产白起泡葡萄酒，可用活性炭进行吸附脱色。

3. 原酒发酵

酒精发酵温度控制在 15 ～ 20℃。

4. 原酒贮存

原酒应在较低温度下贮存。可以添加少量二氧化硫，但含量不应超过 60mg/L，防止因二氧化硫含量过高导致二次发酵启动困难的情况出现。

四、二次发酵及灌装

1. 二次发酵前的准备

原酒贮存到翌年 1 月即可进行二次发酵。对原酒要进行稳定性检验，如果加热产生浑浊，则需要进行下胶和冷冻处理（−5 ～ −3℃），最后进行过滤。

2. 装瓶

处理好的原酒加入专用酵母(耐高压)、营养物质、澄清剂，混匀后装瓶，皇冠盖封口。

3. 二次发酵

装瓶后的原酒水平放入贮酒笼，置于恒温、恒湿且卫生状况良好的环境条件下低温发酵，发酵温度控制在 10 ～ 15℃。发酵结束后继续在瓶内陈酿 1 ～ 3 年。

4. 转瓶

瓶内陈酿结束后，将酒瓶置于"人"字形架上进行转瓶操作，使酒瓶由斜插逐渐接近倒立，对于规模较大的酒厂也可采用机械转瓶的方式。一般需要 20 d 左右，即可将酒泥沉淀集中至瓶口。

5. 吐渣

将瓶颈置于 −20℃ 低温溶液（例如低温酒精）中进行冻瓶操作，待瓶口附近结冰后可开瓶吐渣。

6. 调味

在吐渣后、补酒时，每升酒液中可以加入 2 ～ 15g 糖浆进行调味。

7. 包装

打塞和缠丝后进行贴标和装箱，放置一段时间后即可进行销售。

起泡葡萄酒酿造工艺流程如图 6-25 所示。

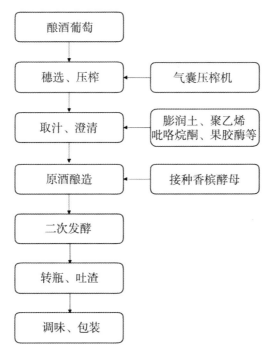

图 6-25　起泡葡萄酒酿造工艺流程

第七节　葡萄蒸馏酒的生产

一、原料

生产蒸馏酒的酿酒葡萄应为糖度低、酸度高的非芳香品种，国际上常用的品种有白玉霓、鸽笼白等。贺兰山东麓产区的白玉霓、威代尔等品种也适合酿造蒸馏酒。有些酒庄也尝试用略带芳香的品种酿造蒸馏酒，如贵人香，陈酿初期产品有比较浓郁的香气。

二、原酒酿造工艺

作为蒸馏酒原酒的葡萄酒可以是红葡萄酒、桃红葡萄酒或白葡萄酒，因此发酵工艺基本同前文所述。需要注意的是，蒸馏酒原酒在发酵过程中不允许使用二氧化硫，以避免硫化物所导致的刺激性气味及其对蒸馏设备的损害。

三、蒸馏工艺

蒸馏工艺包括壶式蒸馏工艺（传统工艺）、三锅串联壶式蒸馏工艺和塔式蒸馏工艺。

1. 壶式蒸馏工艺（传统工艺）

壶式蒸馏工艺属于间歇式两次蒸馏工艺，设备主要由预热器、蒸馏釜、鹅颈管、冷凝器几部分组成（图 6-26）。原酒经预热器预热后泵入蒸馏釜加热，沸腾蒸发后形成酒蒸汽，随后经鹅颈管进入冷凝器盘管，与冷却水发生热交换，从而凝结为酒液流出。当馏出液的酒精度降至 1%（v/v）时停止蒸馏，得到粗馏液，酒精度一般为 28% ~ 30%（v/v）。将粗馏液进行二次蒸馏，掐头去尾，收集酒身得精馏液（即葡萄蒸馏酒原酒），酒精度一般为66% ~ 70%（v/v）。

图 6-26　壶式蒸馏设备

这个工艺最早在法国夏朗德地区广泛使用，所以也被称为夏朗德壶式蒸馏。传统蒸馏工艺流程如图 6-27 所示。壶式蒸馏工艺适合生产高品质、风味复杂的传统烈酒，但效率低、成本高，适合小批量生产和手工操作。

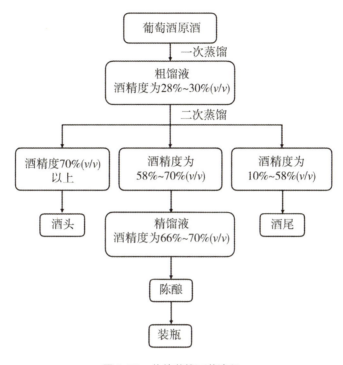

图 6-27　传统蒸馏工艺流程

2. 三锅串联壶式蒸馏工艺

三锅串联壶式蒸馏工艺属于间歇性一次蒸馏工艺，设备由蒸馏釜、分馏盘、热能交换套件等构成。蒸馏釜内的葡萄酒加热沸腾后，酒汽沿分馏盘壁上升、冷却，易挥发物质较多的酒头经酒头出酒管路直接排出。随后的馏出液冷凝降温后经酒身出酒管排出，收集得到蒸馏酒原酒，酒精度一般为 66% ～ 70%（v/v）。酒精含量较低的酒尾则串入下一个蒸馏釜，为下一釜提供热量并将残余酒精带入，从而实现多釜间连续蒸馏。三锅串联壶式蒸馏工艺在提高效率和质量稳定性的同时，保留了壶式蒸馏的风味特点，但操作复杂、设备投资高。

3. 塔式蒸馏工艺

塔式蒸馏工艺为连续蒸馏工艺，设备包括蒸馏釜、蒸馏塔、预热器和冷凝器四部分。加热后酒蒸汽在蒸馏塔每一层被液化，继而向上流动，从而实现连续蒸馏，蒸馏效率较高。收集馏出液即为蒸馏酒原酒，酒精度一般为 66% ～ 70%（v/v）。塔式蒸馏工艺效率高、产品稳定性好，适合大规模工业生产，但风味相对单一，设备维护复杂。

四、蒸馏酒主要产品

1. 葡萄酒精

产品特点：酒精度为 70%（v/v），不做单独产品应用，主要用于其他产品的生产，比如加入葡萄酒中生产加强酒，如雪莉、波特等。

2. 白兰地

产品特点：白兰地酒精度为 40%（v/v）左右，酒体呈琥珀色，必须在橡木桶中陈酿，橡木桶中的单宁、色素等物质溶入酒中，形成白兰地特有的香气，同时酒的颜色逐渐转变为金黄色至浓茶色。

生产工艺要点：采用橡木桶陈酿，贮存环境温度控制在 15 ～ 25℃，相对湿度 75% ～ 85%；定期检查色、香、味状况。陈酿时间根据酒的级别而定，用于直接销售的原酒橡木桶陈酿时间在 2 年以上，长至几十年。白兰地经过长时间贮存后，需经调配，包括糖色调色、糖浆调糖、软化水调整酒精含量，再经橡木桶短时间贮存，最后经二次调配、冷冻处理后即可装瓶出厂。

3. 葡萄烈酒

产品特点：葡萄烈酒在口感、酒精度上与中国白酒相似，酒精度为 42%（v/v）、52%（v/v）等，同时又带有水果蒸馏酒雅致愉悦的果香。特点是不经橡木桶贮存，在改善产品、使其达到成熟程度的同时，避免橡木烘烤气味。

生产工艺要点：采用不锈钢罐、陶罐等陈酿。贮存容器留有空隙，保持一定空气，利于氧化；贮存环境温度控制在 15 ～ 25℃；定期检查色、香、味状况；陈酿时间依酒庄而定。葡萄烈酒经长时间贮存后使用软化水调整酒精含量，分次降度，每次降度后短时间贮存，最终将葡萄烈酒调整至目标酒精度即可装瓶出厂。

第八节　贺兰山东麓产区酿酒特点

贺兰山东麓葡萄酒因独特的风土条件，形成了自己的特点。在颜色方面，由于日照时间长、光照强，红葡萄色素发育良好，颜色较深，即使是白葡萄酒，颜色也相对更深；在香气方面，同样是由于日照时间长、光照强，葡萄酒的香气物质含量较高，表现出浓郁的香气，在不同的小产区，由于土壤不同，表现出不同的香气特征；在口感方面，由于产区高积温、温差大，葡萄含糖量高，导致葡萄酒酒精度高，酒体强劲，同时由于产区无霜期较长，葡萄的生长期较长，葡萄酒中的优质单宁含量高，单宁丰富而柔顺。

因此，贺兰山东麓葡萄酒表现出"果香浓郁，酒体强劲，酸度适当，单宁柔和"的典型风格特点。

一、葡萄酒酿造特点

1. 品种

宁夏的酿酒葡萄品种繁多，其中以蛇龙珠、梅鹿辄、霞多丽等品种较为著名。产区主栽的红葡萄品种有赤霞珠、蛇龙珠、美乐、品丽珠、黑比诺、西拉、马尔贝克、马瑟兰、佳美、小味儿多等；白葡萄品种有霞多丽、贵人香、雷司令、长相思、威代尔、维奥尼尔等。

2. 酒种

由宁夏贺兰山东麓产区的酿酒葡萄酿造的葡萄酒种类较多。针对产区不同红色酿酒葡萄和白色酿酒葡萄研发不同风格的葡萄酒，如干红、干白、桃红、起泡、甜葡萄酒以及蒸馏酒等。

3. 葡萄酒酿造工艺特点

宁夏贺兰山东麓产区葡萄酒的生产过程非常注重品质，在采摘设备上，产区酒庄应用了诸多国际先进的机械设备；在工艺上，敢于尝试现代化的生产工艺，粒选、冷浸渍、橡木桶陈酿、陶罐陈酿、混菌发酵等工艺广泛应用于酒庄酒的生产中，以提升葡萄酒的风格特色。

4. 葡萄酒特征

贺兰山东麓产区很多酒庄在葡萄酒的酿造上力求彰显酒庄的个性化风格，从而体现产区多样的风土特色。贺兰山东麓产区葡萄酒口感浓郁、醇厚、饱满，红葡萄酒颜色较深，以花香和果香为主，单宁含量高，后味长；白葡萄酒黄绿色调重，以瓜果香气为主，酸度略低，酒精度高，口感圆润，后味长。这些特点使得该区域的葡萄酒在品尝时能够给人带来愉悦的感受。

二、贺兰山东麓产区主要子产区葡萄酒特点

1. 石嘴山子产区

石嘴山子产区位于贺兰山东麓葡萄酒产区的北麓，具有日照充足、空气干燥、昼夜温差大、风土条件好等特点，种植区位于山坡上，种植葡萄含糖量高、绿色有机、无虫害，酿造的葡萄酒具有香气馥郁、色素丰富、糖酸均衡、味觉醇厚等特征。石嘴山子产区土壤硒元素含量居贺兰山东麓产区之首，是宁夏土壤硒含量最高的区域，而且分布集中连片，生产的酿酒葡萄、酿造的葡萄酒具有硒含量高、品质好等优势，具备发展高品质葡萄酒的潜力和优势。石嘴山子产区不同小产区推荐品种和酒种见表6-4。

表6-4 石嘴山子产区不同小产区推荐品种及酒种

序号	小产区	代表酒庄	推荐品种	推荐酒种
1	龙泉	贺东庄园等	品丽珠、赤霞珠、小味儿多、美乐、马尔贝克、霞多丽、贵人香	果香型干红、干白、甜白等
2	罗家园	西御王泉、玖禧酩庄等	赤霞珠、小味儿多、马尔贝克、品丽珠；贵人香、霞多丽	果香型干红和干白
3	崇岗	/	品丽珠、赤霞珠、马尔贝克、马瑟兰；霞多丽、贵人香	果香型干红和干白

2. 贺兰子产区

贺兰子产区多以砾石及沙石土壤为主，昼夜温差较大，热量充足，干旱少雨。独特的小气候降低了霜冻对葡萄的伤害，造就出贺兰子产区独有的葡萄酒风味。贺兰子产区的葡萄酒特点为色深、浓郁强劲、酒精度高、有很好的陈酿潜力。贺兰子产区不同小产区推荐品种和酒种见表6-5。

表6-5 贺兰子产区不同小产区推荐品种及酒种

序号	小产区	代表酒庄	推荐品种	推荐酒种
1	金山	贺金樽、夏木、嘉地等	赤霞珠、小味儿多、马瑟兰、马尔贝克、美乐；霞多丽、白玉霓	陈酿型干红、干白和蒸馏酒
2	金鑫	塞北乐奇、圆润等	赤霞珠、马瑟兰、马尔贝壳、美乐、小味儿多；霞多丽、白玉霓	干红、桃红和干白

3. 西夏子产区

西夏子产区拥有得天独厚的自然禀赋，贺兰山冲积扇的砾石和黄河水带来的沙土十分适宜葡萄树成长。西夏子产区葡萄酒特点为色泽浓郁，香气富含成熟浆果味、饱满优雅，

果香成熟且浓郁，口感圆润，单宁细腻紧实，酒体平衡，酸度适中，有较强陈酿潜力。西夏子产区不同小产区推荐品种和酒种见表6-6。

表6-6　西夏子产区不同小产区推荐品种及酒种

序号	小产区	代表酒庄	推荐品种	推荐酒种
1	镇北堡	志辉源石、美贺、宝实等	赤霞珠、小味儿多、马瑟兰、西拉、美乐；贵人香、霞多丽	陈酿型干红和干白
2	富宁	张裕龙谕、贺兰晴雪、迦南美地、留世等	赤霞珠、马瑟兰、小味儿多、紫大夫；贵人香、霞多丽	陈酿型干红和干白
3	芦花台		品丽珠、赤霞珠、马瑟兰、马尔贝克；霞多丽、长相思、贵人香	果香型干红、蒸馏酒、干白、甜白

4. 永宁子产区

永宁子产区依山傍水、日照充足、热量丰富、昼夜温差大、降水量少、黄河灌溉便利，西部靠近贺兰山脚下的区域为砾石土壤，东部为风沙土。沙石土壤透气性好、富含矿物质。这些独特的自然禀赋和特有的风土条件，使永宁子产区的葡萄具有香气发育完全、色素形成良好、糖酸度协调等特征，酿出的葡萄酒具有"甘润平衡"的典型东方风格。永宁子产区葡萄酒特点为宝石红色，新酒富含紫色调，香气优雅，果香浓郁，酸度适中，平衡度极佳，丹宁细腻，有一定陈酿潜力。永宁子产区出产全世界顶级的传统法起泡葡萄酒，果香充盈，酸爽宜人，回味绵长，具有很好的陈酿潜力；出产一流的霞多丽干白，馥郁优雅的果香，伴随着浓郁的热带水果香气，入口甜美，圆润度极佳，酸度适中，回味悠长。永宁子产区不同小产区推荐品种和酒种见表6-7。

表6-7　永宁子产区不同小产区推荐品种及酒种

序号	小产区	代表酒庄	推荐品种	推荐酒种
1	三关口	长城天赋、贺兰神	赤霞珠、小味尔多、紫大夫、马瑟兰、马尔贝克、美乐；霞多丽、贵人香	陈酿型干红和干白
2	闽宁	立兰、贺兰红	赤霞珠、品丽珠、马尔贝克、美乐；霞多丽、贵人香	干红和干白
3	玉泉营	西夏王、新慧彬、类人首、酩悦轩尼诗夏桐、长和翡翠等	赤霞珠、美乐、紫大夫、马瑟兰、马尔贝克、美乐；霞多丽、贵人香、白玉霓、威代尔	果香型干红、起泡酒、蒸馏酒、干白、甜白
4	金沙	源点	品丽珠、赤霞珠、美乐、马瑟兰；霞多丽、威代尔	果香型干红、干白、甜白

5. 青铜峡子产区

青铜峡子产区具有发展葡萄产业独特的资源和区位优势，有独特的土壤和光照条件，土壤类型以灰钙土、砾石土、灌淤土为主。青铜峡子产区光照充足、昼夜温差大，光、热资源丰富，干燥度高。

青铜峡子产区酿酒葡萄成熟缓慢，色素发育良好，糖酸比例平衡，香味浓郁；葡萄酒颜色饱满、香气馥郁、酒体醇厚、余味悠长。青铜峡子产区不同小产区推荐品种和酒种见表 6-8。

表 6-8　青铜峡子产区不同小产区推荐品种及酒种

序号	小产区	代表酒庄	推荐品种	推荐酒种
1	甘城子	华昊、梦沙泉、贺兰芳华、美御	品丽珠、马瑟兰、西拉、赤霞珠、马尔贝克；霞多丽、雷司令	果香型干红和干白
2	鸽子山	西鸽、维加妮	赤霞珠、马瑟兰、马尔贝克、西拉、美乐；雷司令、霞多丽	陈酿型干红、干白和甜白
3	广武	金沙湾、大莫纳	赤霞珠、品丽珠、马瑟兰、马尔贝克；霞多丽、雷司令	陈酿型干红和干白
4	盛家墩		赤霞珠、品丽珠、西拉、紫大夫、马瑟兰；贵人香、雷司令、霞多丽	陈酿型干红和干白

6. 红寺堡子产区

红寺堡子产区海拔较高，昼夜温差大，日照时间长，降水量少，积温较低。红寺堡子产区种植的葡萄酿造的葡萄酒具有口感均衡协调、余味长而优雅的特点。该子产区气候较为冷凉，是发展干白葡萄酒和起泡葡萄酒的核心区域。红寺堡子产区不同小产区推荐品种和酒种见表 6-9。

表 6-9　红寺堡子产区不同小产区推荐品种及酒种

序号	小产区	代表酒庄	推荐品种	推荐酒种
1	慈善道		美乐、黑比诺、品丽珠、紫大夫等；雷司令、贵人香、霞多丽	果香型干红、干红、干白和起泡酒
2	鲁家窑	汇达、红寺堡等	美乐、紫大夫、品丽珠、赤霞珠；霞多丽、雷司令、贵人香	果香型干红、干白和起泡酒
3	肖家窑	东方裕兴、罗兰等	美乐、紫大夫、品丽珠、赤霞珠；霞多丽、雷司令、贵人香	果香型干红、干白和起泡酒

宁夏贺兰山东麓
葡萄酒风土区划与生产技术指南

Ningxia Helanshan Donglu
Putaojiu Fengtu Quhua yu Shengchan Jishu Zhinan

第七章
葡萄酒品质调控

第一节　发酵过程质量控制

一、酒精发酵过程质量控制要点

1. 温度

温度是影响发酵速度的关键因素，在一定范围内温度越高，发酵速度越快。例如，红葡萄酒的发酵温度为 25～28 ℃，在这个范围内调整发酵温度，可以生产出不同风格的产品。较低的温度有利于葡萄酒香气的形成，较高的温度有利于单宁的浸提。白葡萄酒的发酵温度较低，一般为 16～20℃，普遍认为发酵温度越低，葡萄酒的二类香气越浓郁，但如果温度过低，发酵持续时间可能延长，会有滋生细菌的危险。

2. 浸渍

浸渍是液体对固体中物质的浸提。白葡萄酒虽然是清汁发酵，但也存在浸渍现象，主要发生在压榨阶段，白葡萄酒不需要过重的浸渍，过度压榨容易导致葡萄汁澄清困难、香气和口感粗糙、颜色较重，因此建议选择压榨相对轻柔并且可控的气囊压榨机。

对于红葡萄酒而言，压帽或者循环是实现浸渍的重要手段。压帽或循环操作的强度和时间长短，需要根据酿酒师的生产目标和发酵期间的品尝结果灵活调整，以保证花色素和优质多酚的充分浸渍，避免劣质多酚的浸渍。

二、苹果酸 - 乳酸发酵控制要点

1. 二氧化硫

苹果酸 - 乳酸发酵可以提高葡萄酒微生物稳定性，并可以降低酸度，对酒体风味具有修饰作用，可以增加葡萄酒香气和口感的复杂度，所以苹果酸 - 乳酸发酵往往在红葡萄酒中应用。与酵母菌相比，乳酸菌对二氧化硫耐受性差，在接种乳酸菌之前，葡萄酒中游离二氧化硫含量不应高于 10 mg/L，否则会有发酵启动困难的风险。

2. 温度

苹果酸 - 乳酸发酵的温度一般保持在 20℃ 左右，既可以保证发酵的顺利进行，同时也可以获得较好的品质。

3. 发酵终止

与酒精发酵不同，苹果酸 - 乳酸发酵不会在苹果酸消耗殆尽后就停止，所以在发酵期间必须对其进行检测，一旦发酵结束，应立即添加二氧化硫，并使二氧化硫总含量达到60mg/L，以终止乳酸菌活动。

在一些酸度较低的产区，苹果酸-乳酸发酵的降酸作用实际上并无益处，主要是增加葡萄酒的微生物稳定性。所以，当葡萄酒的状态足够稳定时，如酒精度大于15%（v/v），可以不进行苹果酸-乳酸发酵。

第二节　新酒管理

葡萄新酒，即刚完成酒精发酵或苹果酸-乳酸发酵的、还未稳定的葡萄酒。新酒通常是指当年发酵的酒，陈酿期通常是指葡萄酒基本稳定后在容器中缓慢成熟的过程。

新酒在后续管理中的要点就是保证酒的感官质量向好的方向发展，促进其澄清并保持稳定，避免所有可能出现的品质下降问题。新酒管理主要包括发酵终止和稳定两个方面。

1. 发酵终止

即停止葡萄酒中微生物的活动，包括酵母菌和乳酸菌。对于干白葡萄酒和不进行苹果酸-乳酸发酵的干红葡萄酒而言，在酒精发酵结束后应及时进行分离、压榨、补硫等操作，抑制酵母菌的活动；对于进行苹果酸-乳酸发酵的干红葡萄酒而言，需要在苹果酸-乳酸发酵完成后立即进行转罐和补硫操作；对于半干、半甜和甜型葡萄酒而言，需要在发酵液含糖量达到相应要求的时间节点，通过转罐、补硫、降温和添加山梨酸钾等方法，强制终止发酵。

2. 稳定

即通过自然澄清和转罐，葡萄酒理化指标达到基本稳定的过程。稳定期间应避免过多的人为干预，保证葡萄酒在自然状态下逐渐实现理化指标和微生物稳定。新酒较为浑浊，稳定期间可以进行1～2次转罐处理，以分离酒脚。然而，一些产区会对新酒进行稳定性处理，当年就可以上市，例如法国的博若莱新酒。

3. 成熟

新酒只有陈酿一段时间之后，才能在色泽、香气和口感上具有更好的表现。陈酿分为两个阶段：稳定阶段、成熟阶段。稳定阶段通常指发酵完成后的3～6个月，这个阶段葡萄酒中残余的发酵逐渐完成，二氧化碳逐渐减少，葡萄酒逐渐变澄清；成熟阶段持续时间可达几个月至数十年，这个阶段也被称为葡萄酒的陈酿期，是葡萄酒品质形成的关键时期。当然，这也与新酒的品质息息相关，品质较好的新酒成熟阶段持续时间更长。

第三节　陈酿管理

新酒在稳定后即进入陈酿期，陈酿按葡萄酒的状态分为原酒陈酿和装瓶后的陈酿（瓶贮）；按容器类型分为不锈钢陈酿、橡木桶陈酿、微氧罐陈酿、瓶内陈酿等。一般来讲，所有的葡萄酒都需要一定时间的陈酿，但不一定需要各种形式的陈酿。

一、原酒陈酿

1. 橡木桶陈酿

橡木桶主要有两个作用。首先，橡木桶能够为葡萄酒提供良好的微氧熟化环境，葡萄酒通过橡木桶壁的微孔结构可与外界环境发生气体交换，内部发生持续、缓慢、适度的氧化反应，有效加速葡萄酒的熟化，这些变化改善了葡萄酒的颜色和口感；其次，橡木桶具有"调料"的作用，特别是经过烘烤后的橡木桶，可以提高葡萄酒香气的复杂性（图 7-1）。

橡木桶陈酿期间必须要做好葡萄酒质量监控，包括对二氧化硫和挥发酸含量的检测，以及定期品尝。应及时补硫和添桶，确保游离二氧化硫含量为 30 ～ 35 mg/L。优质葡萄酒应确保挥发酸含量在 0.8 g/L（以乙酸计）以下。由于葡萄酒在橡木桶中会挥发，所以需要定期添桶。添桶的酒应选择健康无病害、同酒龄、同品质、同品种、稳定的酒。添桶频率一般为每 2 周 1 次。大部分葡萄酒在橡木桶中的陈酿时间为 6 ～ 18 个月，主要与橡木桶的产地、制作工艺以及葡萄酒的品质和状态有关。通过品尝可以跟踪了解酒在桶内的成熟状况，也能辅助确定最佳的出桶和装瓶日期。

橡木桶成本较高，并不是所有的葡萄原酒都需要进行橡木桶陈酿，橡木桶主要用于厚重、单宁结构感强的葡萄酒，可以使葡萄酒更为柔和、圆润、肥硕，并改善其色素稳定性。入桶前应对葡萄酒品质进行分级、分类，决定哪些葡萄酒入新橡木桶，哪些入旧橡木桶，这一过程尤为重要。

值得注意的是，橡木桶陈酿并不是酿造葡萄酒的必需工艺，也不是葡萄酒高贵的象征，目前全世界的红葡萄酒当中，进行橡木桶陈酿的约占 10%。

图 7-1　橡木桶陈酿

2. 不锈钢罐陈酿

　　很多葡萄酒并不需要进行橡木桶陈酿，只需要在不锈钢罐内陈酿稳定后即可灌装，如大部分干白、桃红和果香型干红葡萄酒。相比于橡木桶，不锈钢贮酒容器具有以下优点：一是不锈钢罐适合大批量的葡萄酒陈酿；二是几乎不产生成本。不锈钢罐的缺点是较为密闭，不能为葡萄酒提供微氧条件，葡萄酒成熟慢。

3. 微氧罐

　　目前市面上已经开发出了一些能够模拟橡木桶陈酿葡萄酒的高分子材料容器，例如Flexcube 和 Flextank 微氧罐。这些微氧罐的使用寿命可达 10 年以上，并且陈酿葡萄酒的效果也较好（图 7-2）。

4. 陶罐

　　我国白酒陈酿自古便广泛应用陶制容器。目前宁夏已有部分酒庄使用陶罐陈酿葡萄酒（图 7-3），陶罐与橡木桶一样，也会有一定的微氧特性，增加了葡萄酒风味的复杂性。陶土中含有金属元素，在陈酿过程中能催化葡萄酒风味物质的演变，但也会进入到葡萄酒

图 7-2 微氧罐

图 7-3 陈酿陶罐

中。因此，陶罐中的金属离子含量必须经过严格检测。

二、瓶内陈酿

大部分陈酿型的葡萄酒装瓶后就进入瓶内陈酿阶段，一般时间至少为 6 个月。瓶内陈酿在灌装后保证了葡萄酒的还原状态，对品质稳定和提升有重要作用。这个阶段可以持续数年甚至数十年，这与葡萄酒的特点和品质有关，比如贺兰山东麓红葡萄酒在陈酿 7 ～ 8 年后可以达到最佳饮用期。另外，瓶内陈酿的时间也与瓶塞有关。

葡萄酒装瓶后几乎处于密闭状态，会产生还原性香气，但瓶塞和瓶口之间的微小缝隙会有微氧作用。不同材质的瓶塞，透氧程度（透氧率）也不同：合成塞的透氧率较高，天然塞的透氧率较低，螺旋盖的透氧率最低，不同类型葡萄酒的陈酿可以选用不同的塞子。

三、陈酿环境

陈酿环境一般要求较低的温度，最适温度应控制在 12 ～ 18℃。最好在地下或半地下的场地进行葡萄酒陈酿。橡木桶陈酿要求空气相对湿度为 65% ～ 75%。空气相对湿度过低时，木桶外表面容易产生裂缝，引发漏液或过氧化的危险；夏季酒窖空气相对湿度过大时，需要打开通风设施，否则容易滋生霉菌，酒窖在夏季需要进行 1 ～ 2 次密封熏硫。此外，陈酿环境要避免强烈的阳光直射，要保证通风良好。

第四节　葡萄酒装瓶

装瓶就是将符合标准的葡萄酒封装在容器内的操作过程，包括洗瓶、装瓶、压塞（压盖）、套帽（胶套）、贴标、装箱等步骤。

一、装瓶前处理

在装瓶以前需对葡萄酒进行稳定性检验、品尝以及理化指标分析，包括总酸和挥发酸的测定，二氧化硫总量和游离二氧化硫的测定，铁、铜和蛋白质含量的测定以及微生物状况的分析等。只有符合《葡萄酒》（GB/T 15037—2006）要求的产品才能装瓶，否则需要对葡萄酒进行下胶、过滤、调配等处理，使其达到相应标准。

1. 下胶

健康葡萄酒通过自然静置会达到澄清的状态，但是这一过程往往需要 2 ～ 5 年。人们会通过下胶来加快这一过程，即通过加入天然或人工合成的物质，使葡萄酒中呈悬浮态的颗粒被下胶剂聚合为沉淀，从而沉降下来，通常下胶会配合低温冷冻同步进行。常用的下胶剂有膨润土、明胶、鱼胶、酪蛋白、蛋清和聚乙烯吡咯烷酮（PVPP）。

2. 过滤

仅通过下胶往往不能使所有葡萄酒达到澄清、稳定的状态，大部分情况下还需要进行过滤处理，主要目的是使葡萄酒澄清有光泽，同时更细的过滤可以除去大部分酒中的微生物。目前常见的过滤设备有硅藻土过滤机、纸板过滤机以及错流过滤机，应根据需要选择合适的过滤设备。

3. 调配

将不同的葡萄酒进行混合，以提升品质及均一性，被称为葡萄酒的调配。调配可以在酿造过程中的任一环节进行，例如将不同葡萄园采收的葡萄混合后发酵，发酵后将不同品种的葡萄酿造的葡萄酒进行混合，将不同橡木桶中成熟的葡萄酒进行混合等。最重要的调配一般在装瓶前，这是一项极其考验酿酒师水平的工作，酿酒师不但需要将不同类型、不同酒精度、不同特点的原酒调配成风格和质量一致的一款或几款酒，而且还需要保证不同产品的产量实现最优分配。

二、灌装

为保证葡萄酒的品质和卫生安全，灌装车间内设有完善的卫生设施。灌装车间保持整洁、明亮、通风，车间地面要易清洗和排水。常见葡萄酒灌装设备有全自动灌装机，可实现精准定量灌装，提高生产效率和产品质量。此外，还包括输送带、压盖机、贴标机、喷码机等设备，共同完成葡萄酒的灌装、封盖、贴标、喷码等一系列包装工序。（图 7-4）。

1. 获取灌装产品信息

在灌装开始前需要确认酒质、瓶型、瓶塞、胶帽、标签、纸箱等信息，确保产品和包材信息无误。

2. 洗瓶

装瓶前应该对酒瓶进行清洗，以保证清洁。目前市面上的自动灌装机几乎都会配备杀菌和清洗一体化模块，确保了灌装前酒瓶的洁净度。

图 7-4　灌装生产线

3. 注酒

将需要灌装的葡萄酒使用灌装机通过负压或虹吸的方式注入瓶中。

4. 打塞

打塞机在使用前必须按照瓶型和瓶塞规格进行调试，在压塞管中将木塞压缩，然后压塞头的垂直活塞将压缩后的木塞压入瓶颈。为了防止木塞破损，木塞在压塞管中受力必须均匀一致，上端应与酒瓶上端保持一致。

5. 缩帽

打塞完成后进行缩帽，一是可以使酒瓶更加美观，二是可以保护瓶塞、避免污染。需要注意金属帽和热缩帽所用模块不同，热缩后的瓶帽要平整、无褶皱、不松懈。

6. 贴标

贴标机的选择需要注意是否有定位功能，如果瓶身有特定花纹，若要将标签与花纹保持在同一方向，则需要增加定位模块，要求标签牢固平整、位置正确、无遗漏和错标。

7. 装箱

即使使用自动装箱机，也需要配备工人进行质检，确保产品包装的一致性和完整性，保证装箱瓶数准确，封箱胶带平整，黏合结实。

第五节　葡萄酒包装及贮运

一、产品包装

瓶装葡萄酒的包装材料应符合食品卫生要求，起泡葡萄酒的包装材料还应符合相应耐压要求。外包装可采用能够避免酒体被光线直接照射的瓦楞纸或具有相同功能并符合相应标准的其他包装，内有防震、防撞的间隔材料。包装箱上应注有生产日期（或批号）、制造者（经销者）的名称和地址、净含量、产地等信息，并有"小心轻放""防冻""防潮""防火""防热"等标识。

二、葡萄酒标签

酒标是葡萄酒的"名片"，可以直观反映产品的重要信息，为消费者选购提供有价值的参考。除了设计上要美观、独特、有辨识性外，还要符合 GB 2758、GB 7718、GB/T 15037 和 GB/T 19504 的相关要求。

直接面向消费者的预包装葡萄酒产品，其标签应涵盖一系列信息，包括产品名称、酒精度、净含量、规格，生产者和经销者的名称、地址、联系方式，产地、灌装日期、产品标准号、食品生产许可证编号、贮存条件等，并且要依据含糖量对产品类型进行标注。标签上若标注了葡萄酒的年份、品种、产地等内容，则应符合相关要求。例如，年份葡萄酒所占比例不低于酒含量的 80%（体积分数）；以特定葡萄品种酿造的酒所占比例不低于酒含量的 75%（体积分数）；对于获准使用地理标志的企业，可在其产品外包装上使用专用标识。

三、贮存管理

应建立酒窖（库房）的卫生管理制度、出入库管理制度，设专人负责酒窖（库房）的管理。定期打扫，保持清洁卫生，做好防鼠、防虫、防霉工作，并根据酒窖（库房）实际情况采用熏硫等方式进行消毒，禁止使用含氯消毒制品或制剂；观测并记录温、湿度，及时对异常情况进行处理；做好出入库记录，出入库记录内容包括名称、批号、出库时间、地点、数量、产品检验报告等，并保存至保质期后的两年。

酒庄应建立销售（采购）信息管理台账，保证销售信息的真实性、完整性和可追溯性，并完整保存至少两年。葡萄酒流通过程中，应建立相应的追溯手段（如附带葡萄酒流通随附单、产品电子代码等），便于产品的溯源。

四、运输

运输前应将葡萄酒进行包装以确保运输过程中的安全性。单只或不成箱葡萄酒，葡萄酒瓶之间不能直接接触，应用充气袋等材料进行分隔，亦可使用气柱等包装材料进行包装。整箱葡萄酒可直接使用成品葡萄酒箱包装，可内加泡沫防震箱或气柱等。

装车前应将葡萄酒箱按要求进行码垛，并覆盖保护，防止葡萄酒被损坏。葡萄酒在运输时应"卧放"，并保持清洁卫生，不得与地面直接接触，不得与有毒、有害、有异味、有腐蚀性物品同运。运输过程中应避免强烈震荡、日晒、雨淋，防止高温和冰冻，运输温度宜保持在 5 ～ 35℃。装卸时应轻拿轻放，避免损毁。

第六节　葡萄酒生产年份

葡萄酒的年份是指酿酒葡萄的采收年份，由于不同年份的天气情况可能差异悬殊，而天气会直接影响酿酒葡萄的生长和最终的品质，因此每年成酒的风格也会有所不同。年份可以在一定程度上反映一款葡萄酒的品质，也能告诉消费者这款酒的陈年时间，以此确定最佳开瓶时间。

如果在商标上标注了葡萄酒的年份，那么此年份的葡萄酒所占比例不能低于酒含量的80%（体积分数）。有个别酒庄为了保持酒款风格的统一性和稳定性，以及考虑酒款的价格与销售等情况，会用不同年份葡萄酿造而成的基酒来调配，如无年份起泡葡萄酒。

近年来，宁夏产区酒庄对葡萄酒高品质与稳定性越来越重视，气候、土壤等产区风土条件成为研究热点，一些致力于生产高端优质葡萄酒的酒庄认真记录酿酒葡萄从出土到埋土整个生长季的生长情况、天气情况，对酿酒葡萄进行品质分析，针对每年原料的特点调整酿造工艺，以酿造高品质的葡萄酒，最终形成年份报告。部分企业在葡萄园建立了气象大数据智能化平台，实时监测葡萄园空气和土壤的温度、湿度等指标，根据天气情况及时采取相应技术措施，确保酿酒葡萄的品质与效益。

第八章
产区管理

第一节　葡萄酒分级

葡萄酒产品分级可以帮助生产者明确产品定位，为消费者提供消费导向，促进葡萄酒产品推广。贺兰山东麓一些葡萄酒产品的分级在葡萄园和原料阶段就已经开始了，贺兰山东麓葡萄酒产区已经实行了列级酒庄分级管理。

一、质量分级

葡萄酒原酒质量分级是最基础的分级，也是分级的基础。首先，一款合格的葡萄酒原酒不能有缺陷。例如挥发酸含量过高（但不超标），杂菌污染带来了异味，出现不正常的浑浊，不良的香气和口感等。

其次，好的葡萄产品酒应具有很好的平衡。广义上的平衡是指葡萄酒整体颜色、香气、口感之间的平衡；狭义上是指口感中甜味、酸味、苦涩味之间的平衡。葡萄酒中的苦涩味来源于酚类物质，甜味来源于残糖、甘油和酒精，酸味来源于各种有机酸（苹果酸、酒石酸和乳酸等），平衡的葡萄酒每一个味道都让人很愉悦，没有一个感觉是突兀的。图 8-1 为红葡萄的味觉平衡图。

对于白葡萄酒而言，就是甜味和酸味的平衡，因为白葡萄酒中几乎没有苦味。

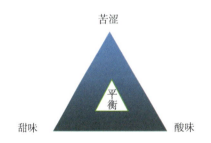

图 8-1　红葡萄酒的味觉平衡

除了满足没有缺陷、平衡外，好的葡萄酒还需要有典型性，比如产区、品种、酿造工艺等的典型性。如果一款酒满足了以上几个特点的同时，还具有独特性和辨识度，就形成了产品的风格，那么这款酒就可以称之为伟大的葡萄酒了。

二、葡萄园或酒庄分级管理

1. 葡萄园分级管理

为加强宁夏优质酿酒葡萄园建设，提升葡萄园管理水平，宁夏产区 2013 年启动了优质葡萄园评选活动，于 2013 年、2015 年、2016 年分别开展一次，共开展了三次，对产区酿酒葡萄园建设及管理的规范、先进栽培技术应用推广起到了积极促进作用，推动产区酿酒葡萄园高标准建设和管理。

为推进产区酿酒葡萄基地管理与机械化、数字化、智慧化相融合，2022 年，产区组织开展了宁夏国家葡萄及葡萄酒产业开放发展综合试验区高标准葡萄园评选活动。优质（高标准）葡萄园评选活动为产区葡萄园分级奠定了基础。今后产区葡萄园应从规模、树龄、架形及树形管理、绿色防控、精准水肥管理、机械化、智能化等方面进行分级。

2. 酒庄分级管理

2013 年，宁夏在我国创新性提出产区酒庄列级化管理制度，宁夏回族自治区人民政府办公厅印发了《宁夏贺兰山东麓葡萄酒产区列级酒庄评定管理暂行办法》。经过两年多的实践，于 2016 年修订后，印发《宁夏贺兰山东麓葡萄酒产区列级酒庄评定管理办法》，规定贺兰山东麓列级酒庄实行"五级制"，五级为最低级别，一级为最高级别，每 2 年评定一次，实行逐级评定晋升，晋升到一级酒庄后，每 10 年参加一次评定。

宁夏贺兰山东麓葡萄与葡萄酒联合会负责组织产区列级酒庄评定工作，并组建评定委员会。评定委员会采取现场踏勘、资料审核、酒样品鉴、品质检验等方式进行酒庄评定。宁夏回族自治区葡萄酒产业主管部门指导与监督列级酒庄评定工作。

列级酒庄评定主要条件有：位于宁夏贺兰山东麓葡萄酒产区内；酿酒原料全部来源于自有种植基地，葡萄树龄在 5 年及以上；葡萄园的品种纯正、管理规范；以生产优质葡萄为目的进行调控，产量及质量稳定，并具有可追溯性；酒庄酒品质稳定，典型性明显，在国内外有一定的品牌影响力，抽检时质量合格；主体建筑具有特色，并有一定的旅游休闲功能。宁夏贺兰山东麓酒庄分级采取非固定制，已评定的列级酒庄，如果在后期条件无法达到相应的列级评定质量标准，列级称号将会被撤销；如出现重大质量安全责任事故或涉及制造假冒伪劣葡萄酒产品，则撤销称号，并在 10 年内不得参与评定。

宁夏首推中国列级酒庄评选，致力于中国酒庄酒的发展，引领国产葡萄酒向高质量迈进，使中国葡萄酒走向世界。截至 2021 年，宁夏贺兰山东麓葡萄酒产区列级酒庄已达 57 家。今后，宁夏贺兰山东麓产区葡萄酒分级不仅要考虑中国葡萄酒法规及产区自然条件，而且要推动列级酒庄走向市场，提高可持续发展能力。

第二节 产区标准

一、国家地理标志产品管理

2003 年，国家质量监督检验检疫总局发布第 32 号公告，正式批准贺兰山东麓葡萄酒实施原产地域产品保护。

2011 年，国家质量监督检验检疫总局发布第 14 号公告，重新划定了贺兰山东麓葡萄酒地理标志产品保护地域范围，为宁夏回族自治区平罗县崇岗乡、下庙乡、前进农场；贺兰县金山乡、暖泉农场；银川市西夏区镇北堡镇、新泾镇，南梁农场、贺兰山农牧场、农垦科研所、平吉堡奶牛场；银川市金凤区兴源乡；永宁县望远镇、胜利乡、增岗乡、李俊镇、银川林场、黄羊滩农场、玉泉营农场；青铜峡市干城子乡、立新镇、大坝镇、广武乡、树新林场、连湖农场分场；中宁县渠口农场、白马乡；吴忠市红寺堡区红寺堡镇、大河乡、南传乡。2003 年国家质量监督检验检疫总局第 32 号公告废止。

截至 2024 年 3 月，产区已有 72 家酒庄获批使用宁夏贺兰山东麓葡萄酒国家地理标志。

二、相关标准

表 8-1　葡萄及葡萄酒相关标准

序号	标准编号	标准／计划名称	标准级别	实施日期	备注
建 园					
1	GB 3095	环境空气质量标准	国家标准	2016-01-01	强制性标准
2	NY/T 397	农区环境空气质量监测技术规范	行业标准	2000-12-01	
3	GB15618	土壤环境质量 农用地土壤污染风险管控标准	国家标准	2018-08-01	强制性标准
4	NY/T 395	农田土壤环境质量监测技术规范	行业标准	2012-09-01	
5	GB 5084	农田灌溉水质标准	国家标准	2021-07-01	强制性标准
6	NY/T 396	农用水源环境质量监测技术规范	行业标准	2000-12-01	
7	NY/T 391	绿色食品 产地环境质量	行业标准	2021-11-01	
8	NY/T 857	葡萄产地环境技术条件	行业标准	2005-02-01	

序号	标准编号	标准／计划名称	标准级别	实施日期	备注
9	NY 469	葡萄苗木	行业标准	2001-11-01	强制性标准
10	DB64/T 1216	贺兰山东麓葡萄酒 葡萄苗木质量规范	地方标准	2017-03-28	
11	DB64/T 1709	贺兰山东麓产区酿酒葡萄苗木生产技术规程	地方标准	2020-08-18	
12	DB64/T 204	宁夏酿酒葡萄栽培技术规程	地方标准	2017-02-21	
13	DB64/T 1092	酿酒葡萄"厂"字形整形技术规程	地方标准	2015-11-22	
14	DB64/T 1180	酿酒葡萄"矮干单居约"整形技术规程	地方标准	2017-03-28	
15	DB64/T 1813	酿酒葡萄斜干居约整形技术规程	地方标准	2021-11-13	
16	DB64/T 1023	贺兰山东麓沙质酿酒葡萄园土壤培肥改良技术规程	地方标准	2014-12-08	
17	DB64/T1217	红寺堡产区酿酒葡萄建园技术规程	地方标准	2017-03-28	
18	DB64/T 1708	贺兰山东麓产区葡萄园建园技术规程	地方标准	2020-08-18	
19	DB64/T 1022	贺兰山东麓酿酒葡萄水肥一体化栽培技术规程	地方标准	2014-12-08	
20	DB64/T 1951	贺兰山东麓酿酒葡萄营养诊断技术规范	地方标准	2024-02-03	
21	DB64/T 1293	宁夏酿酒葡萄滴灌种植技术规程	地方标准	2017-03-28	
22	DB64/T 1214	酿酒葡萄干红原料适时采收技术规程	地方标准	2017-03-28	

病虫害防治

序号	标准编号	标准／计划名称	标准级别	实施日期	备注
23	NY/T 393	绿色食品 农药使用准则	行业标准	2020-11-01	
24	NY/T 1276	农药安全使用规范总则	行业标准	2007-07-01	
25	GB/T 40135	葡萄细菌性疫病菌检疫鉴定方法	国家标准	2021-12-01	
26	GB/T 40140	葡萄轴枯病菌检疫鉴定方法	国家标准	2021-12-01	

序号	标准编号	标准／计划名称	标准级别	实施日期	备注
27	DB64/T 1950	贺兰山东麓酿酒葡萄园有害生物绿色防控技术规范	地方标准	2024-02-03	
28	DB64/T 957	葡萄缺节瘿螨防治技术规程	地方标准	2014-03-24	
29	DB64/T 1024	葡萄霜霉病防治技术规程	地方标准	2014-12-08	
30	DB64/T 1025	葡萄斑叶蝉测报调查及防治技术规程	地方标准	2021-11-13	
31	DB64/T 1050	葡萄白粉病防治技术规程	地方标准	2014-12-19	
32	DB64/T 1218	酿酒葡萄病虫害防治技术规程	地方标准	2017-03-28	
33	DB64/T 1865	贺兰山东麓酿酒葡萄霜霉病监测预警技术规程	地方标准	2023-05-21	

气象灾害预防

序号	标准编号	标准／计划名称	标准级别	实施日期	备注
34	DB64/T 1984	酿酒葡萄晚霜冻灾害调查规范	地方标准	2024-05-04	
35	DB64/T 1952	贺兰山东麓酿酒葡萄越冬冻害气象等级	地方标准	2024-02-03	
36	DB64/T 1945	贺兰山东麓酿酒葡萄农业气象观测技术规范	地方标准	2023-12-28	

葡萄酒生产

序号	标准编号	标准／计划名称	标准级别	实施日期	备注
37	GB/T 17204	饮料酒术语和分类	国家标准	2022-06-01	
38	RB/T 167	有机葡萄酒加工技术规范	行业标准	2018-10-01	
39	DB64/T 1000	贺兰山东麓葡萄酒产区酒庄酒生产规范	地方标准	2021-11-13	
40	DB64/T 1704	宁夏贺兰山东麓干红葡萄酒酿造技术规范	地方标准	2020-08-18	
41	DB64/T 1707	贺兰山东麓产区干白葡萄酒酿造技术规程	地方标准	2020-08-18	
42	GB/T 15037	葡萄酒	国家标准	2008-01-01	
43	GB/T 19504	地理标志产品 贺兰山东麓葡萄酒	国家标准	2008-11-01	

序号	标准编号	标准／计划名称	标准级别	实施日期	备注
44	GB/T 25504	冰葡萄酒	国家标准	2011－09－01	
45	G B ／ T 11856.2	烈性酒质量要求　第2部分：白兰地	国家标准	2024－07－01	
46	GB 2760	食品安全国家标准　食品添加剂使用标准	国家标准	2015－05－24	强制性标准
47	GB 2761	食品安全国家标准　食品中真菌毒素限量	国家标准	2017－09－17	强制性标准
48	GB 2762	食品安全国家标准　食品中污染物限量	国家标准	2023－06－30	强制性标准
49	GB 2763	食品安全国家标准　食品中农药最大残留限量	国家标准	2021－09－03	强制性标准
50	GB 2758	食品安全国家标准　发酵酒及其配制酒	国家标准	2013－02－01	强制性标准
51	GB 14881	食品安全国家标准　食品生产通用卫生规范	国家标准	2014－06－01	强制性标准
52	GB 12696	食品安全国家标准　发酵酒及其配制酒生产卫生规范	国家标准	2017－12－23	强制性标准
53	GB/T 191	包装储运图示标志	国家标准	2008－10－01	
54	GB 23350	限制商品过度包装要求　食品和化妆品	国家标准	2023－09－01	强制性标准
55	GB 7718	食品安全国家标准　预包装食品标签通则	国家标准	2012－04－20	强制性标准
56	GB/T 36759	葡萄酒生产追溯实施指南	国家标准	2019－04－01	
57	DB64/T 1706	贺兰山东麓葡萄酒质量安全追溯指标技术规范	地方标准	2020－08－18	
58	SB/T 10711	葡萄酒原酒流通技术规范	行业标准	2012－11－01	
59	SB/T 10712	葡萄酒运输、贮存技术规范	行业标准	2012－11－01	
60	DB64/T 1705	贺兰山东麓葡萄酒产区成品平静葡萄酒贮运管理规范	地方标准	2020－08－18	

第三节　管理制度

一、《宁夏回族自治区贺兰山东麓葡萄酒产区保护条例》

《宁夏回族自治区贺兰山东麓葡萄酒产区保护条例》（以下简称《条例》）是我国省级第一部葡萄酒产区地方立法，2012 年 12 月 5 日宁夏回族自治区第十届人民代表大会常务委员会第三十三次会议通过，2024 年 3 月 26 日宁夏回族自治区第十三届人民代表大会常务委员会第九次会议修订，自 2024 年 5 月 1 日起施行。

《条例》共 7 章 55 条，从规划与建设、产品与质量、标志管理与品牌建设、发展与促进等方面作出相应规定，突出产区保护与产业发展融合化、产区保护范围全域化、酒庄基地一体化、新质生产力体系化、品牌建设制度化五大特色。

二、《宁夏国家葡萄及葡萄酒产业开放发展综合试验区建设总体方案》

2021 年 5 月，经国务院同意，农业农村部、工业和信息化部、宁夏回族自治区人民政府印发了《宁夏国家葡萄及葡萄酒产业开放发展综合试验区建设总体方案》。宁夏国家葡萄及葡萄酒产业开放发展综合试验区（以下简称"综试区"）是全国首个特色产业开放发展综合试验区，将立足宁夏葡萄酒产区，突出生态价值、重视酒旅文化、强化品牌贸易，探索三产融合新技术、新模式、新业态、新平台、新工程、新政策，努力打造引领宁夏乃至中国葡萄及葡萄酒产业对外开放、融合发展的平台和载体，也为中国西部地区特色产业发展深度开放、"一品一业"促进乡村振兴提供借鉴和样板。

综试区涵盖贺兰山东麓葡萄酒国家地理标志产品保护区，并分为核心区和辐射区。

核心区：规划面积 108km²，包括两个片区，分别为银川市永宁县闽宁片区和贺兰县金山片区。主要引进投资建设、检验检测、咨询服务、技术研发等方面的国内外企业机构，消化吸收国际先进经验、品种、技术、标准、制度和模式，着力打造中国葡萄与葡萄酒研发中心、酿造技术研究中心、品牌展示中心、物流配送中心、检验检测认证中心、智慧园区运营中心及产业总部经济中心，搭建科技研发、人才智库、集成创新和成果转化的高端平台，发展葡萄酒国际贸易、葡萄籽（皮）精深加工产业链、电子商务、文化旅游、现代物流等相关产业。

2023 年，全国首个葡萄酒产业技术协同创新中心——宁夏贺兰山东麓葡萄酒产业技术协同创新中心成立，由宁夏贺兰山东麓葡萄酒产业园区管委会牵头，联合区内外相关高校科研院所组建，面向全国搭建葡萄酒产业公共开放式科研服务平台，打造科技研发、人才集聚、成果转化"三个高地"。

按照《宁夏国家葡萄及葡萄酒产业开放发展综合试验区建设方案》要求，统筹建设中国葡萄与葡萄酒研发中心、酿造技术研究中心、检验检测认证中心、智慧园区运营中心等"六个分中心"，开展关键核心技术攻关、推进科技成果转化、建设公共技术服务平台、加强东西部科技合作交流。

创新中心建立了"1+4"组织架构（创新中心＋战略专家咨询委员会、学术委员会、执行委员会、理事会），实行"一中心两机制"（事业法人管理机制、市场化管理运行机制）运行管理模式，服务产区内百家酒庄（企业）发展，以科技创新赋能宁夏葡萄酒产业高质量发展。

三、《宁夏贺兰山东麓葡萄酒地理标志专用标志使用管理办法（试行）》

为加强贺兰山东麓葡萄酒地理标志产品的规范管理，统一规范贺兰山东麓葡萄酒地理标志专用标志的使用，保证贺兰山东麓葡萄酒的质量和特色，提升品牌知名度，强化行业自律，宁夏回族自治区知识产权局、宁夏贺兰山东麓葡萄酒产业园区管理委员会联合印发了《宁夏贺兰山东麓葡萄酒地理标志专用标志使用管理办法（试行）》，明确了地理标志专用标志由国家知识产权局核准发布，规范了贺兰山东麓葡萄酒地理标志专用标志的申请、印制、使用和监督管理。

四、《宁夏贺兰山东麓葡萄酒产区酿酒葡萄苗木管理办法》

为加强宁夏贺兰山东麓葡萄酒产区酿酒葡萄苗木管理，规范优新品种的引育、生产、经营和使用等活动，确保苗木品种纯正、质量优良，防止携带检疫性有害生物的酿酒葡萄苗木传播，从源头保障酿酒葡萄品质，2016 年，原宁夏回族自治区林业厅印发了《宁夏贺兰山东麓葡萄酒产区葡萄苗木管理办法（试行）》（宁林发〔2016〕111 号）。

随着宁夏葡萄酒产业的发展及 2021 年《中华人民共和国种子法》的修改，2023 年，宁夏贺兰山东麓葡萄酒产业园区管理委员会、宁夏回族自治区林业和草原局、银川海关对《宁夏贺兰山东麓葡萄酒产区葡萄苗木管理办法（试行）》进行了修订，8 月 4 日《宁夏贺兰山东麓葡萄酒产区酿酒葡萄苗木管理办法》（以下简称《办法》）正式印发。《办法》对产区酿酒葡萄苗木责任部门、酿酒葡萄苗木的种源管理、酿酒葡萄苗木生产经营管理等方面做了规定。

第四节 产业政策

2006 年以前，宁夏回族自治区政府将酿酒葡萄种植纳入国家造林工程并予以补贴。自 2006 年起，宁夏回族自治区政府将葡萄产业纳入宁夏回族自治区特色优势产业，并出台政策意见，在国家造林工程补贴的基础上，宁夏回族自治区财政又拿出资金进行以奖代补。2010 年国家造林政策进行调整，酿酒葡萄未被列入国家造林工程树种中，酿酒葡萄种植完全由宁夏回族自治区财政进行以奖代补，同时宁夏回族自治区逐年提高补贴标准，为葡萄酒产业发展提供了政策保障。截至 2023 年宁夏葡萄酒产业主要政策如下：

（1）宁夏回族自治区财政厅 宁夏贺兰山东麓葡萄酒产业园区管理委员会印发《关于推进宁夏贺兰山东麓葡萄酒产业高质量发展的财政支持政策》（宁财规发〔2022〕9 号）。在基地建设、科技创新、品牌营销、龙头企业培育、贷款贴息、农业保险、产业链融合等方面给与支持。

（2）宁夏回族自治区党委办公厅 人民政府办公厅印发《推进宁夏国家葡萄及葡萄酒产业开放发展综合试验区建设的政策措施》（宁党厅字〔2022〕34 号）。从组织领导、基础配套、科技支撑能力、土地保障、财税金融服务、市场营销与品牌塑造 6 个方面提出20 项政策措施。

（3）宁夏回族自治区自然资源厅印发《自然资源系统支持葡萄酒等重点产业发展用地的若干政策》（宁自然资规发〔2020〕8 号）。从留足发展空间、助力产业融合发展、保障企业高效用地、维护企业土地权益等方面给予土地政策支持。

（4）宁夏回族自治区自然资源厅印发《关于完善葡萄酒产业用地确权登记的政策措施》（宁自然资发〔2021〕154 号）。对经营主体依法取得国有农用地、未利用地和集体土地发展葡萄酒产业，按照不同情况，参照法律法规设定的集体土地权利类型，开展确权登记，保障企业土地权益。

（5）宁夏回族自治区科技厅印发《自治区葡萄酒产业高质量发展科技支撑行动方案》（宁科发〔2021〕18 号）。提出加强科技攻关、加快成果转移转化、强化企业创新主体地位、加大创新平台培育力度、培育科技人才队伍、推动科技园区建设等重点任务，并从加强组织领导、加大扶持力度、强化统筹布局等方面给予保障。

（6）宁夏回族自治区财政厅印发《宁夏回族自治区财政农业保险保费补贴管理实施办法》（宁财规发〔2022〕2 号）。将酿酒葡萄纳入宁夏回族自治区优势特色产业财政补贴险种标的，保险金额为酿酒葡萄（果实）1 500 元 / 亩，保险补贴为中央财政补贴 45%，宁夏回族自治区财政补贴 25%，市、县（区）财政承担 10%，投保人自缴 20%。